装备科技译著出版基金

U0660374

增强现实技术导论

Augmented Reality: An Emerging Technologies Guide to AR

郑　毅　译

郭培芝　审校

国防工业出版社

National Defense Industry Press

著作权合同登记　图字:军-2013-194号

图书在版编目(CIP)数据

增强现实技术导论/(美)基珀(Kipper, G.),(美)兰博拉
(Rampolla, J.)著;郑毅译.—北京:国防工业出版社,2014.8(2016.8重印)
书名原文:Augmented Reality:An Emerging Technologies Guide to AR
ISBN 978-7-118-09667-5

Ⅰ.①增… Ⅱ.①基… ②兰… ③郑… Ⅲ.①数字技术—
研究 Ⅳ.①TP391.9

中国版本图书馆 CIP 数据核字(2014)第 208124 号

Augmented Reality:An Emerging Technologies Guide to AR
Gregory Kipper,Joseph Rampolla
ISBN:978-1-59749-733-6
Copyright © 2013 by Elsevier,Inc. All rights reserved.
Authorized Simplified Chinese translation edition published by Elsevier(Singapore)Pte Ltd. and National Defense In-
dustry Press
Copyright © 2014 by Elsevier(Singapore)Pte Ltd. All rights reserved.
Published in China by National Defense Industry Press under special arrangement with Elsever(Singapore)Pte Ltd.
This edition is authorized for sale in China only,excluding Hong Kong,Macau and Taiwan.
Unauthorized export of this edition is a violation of the Copyright Act. Violation of this Law is subject to Civil and
Criminal Penalties.

本书简体中文版由 Elsevier(Singapore)Pte Ltd. 授予国防工业出版社在中国大陆地
区(不包括香港、澳门以及台湾地区)出版与发行。未经许可之出口,视为违反著
作权法,将受法律之制裁。
本书封底贴有 Elsevier 防伪标签,无标签者不得销售。

※

国防工业出版社出版发行
(北京市海淀区紫竹院南路23号　邮政编码100048)
北京嘉恒彩色印刷有限责任公司
新华书店经售

*

开本710×1000　1/16　印张9½　字数170千字
2016年8月第1版第2次印刷　印数3001—5000册　定价36.00元

(本书如有印装错误,我社负责调换)

国防书店:(010)88540777　　　　发行邮购:(010)88540776
发行传真:(010)88540755　　　　发行业务:(010)88540717

译者序

　　增强现实技术是近二十年出现的新兴技术,该技术一经提出,美国就率先将其应用于军事领域,并把它作为军事机密。目前,增强现实已经在西方国家的军事领域中得到了充分应用,如增强战场环境、军事训练、作战指挥、武器装备研制、维护和修理等方面,发挥了巨大的作用。

　　增强现实技术进入我国的时间较晚。现在,我国国内系统研究增强现实技术的大学有北京理工大学、北京航空航天大学、北京邮电大学、华中科技大学、南京航空航天大学、上海大学和广东工业大学等,但迄今为止,国内尚无系统介绍增强现实技术的专门书籍。Augmented Reality:An Emerging Technologies Guide to AR 一书是由美国人 Gregory Kipper 和 Joseph Rampolla 合作撰写的关于增强现实技术的学术专著。Gregory Kipper 在增强现实领域有十余年的研究经历,并在数字篡改鉴别和打击犯罪等方面有成功的应用案例。Joseph Rampolla 在增强现实和虚拟现实领域中亦有近二十年的研究和应用经验。该书旨在全面探究增强现实技术的内涵,揭示其为何成为近十年来最具影响力的新兴技术之一的原因。该书由美国Syngress 出版社出版发行。把 Augmented Reality:An Emerging Technologies Guide to AR 翻译成中文译本,无疑会促进增强现实技术在我国的进一步普及和发展,对我国国防武器装备信息化建设会有较大的推动作用。

　　原著分六章,内容涉及增强现实技术的基本理论、类型、研发与组织方法,以及在体育、社交、教育、设备维修、数字媒体、电子游戏、公共安全、军事和法律等领域的应用案例。阅读本书,读者能够获悉增强现实技术研究和应用的全貌,更好地掌握和利用这种新兴技术。

　　原著全文由郑毅翻译,译稿由郭培芝高级工程师审校。

　　本译著出版得到了中国人民解放军总装备部国防工业出版社装备科技译著出版基金和山东省高等学校科技计划项目(项目编号:J14LN02)的资助,在此一并表示感谢。

郑毅

2014 年 5 月

献给陪伴我度过整个写作过程的贤惠的妻子 Amber，以及可爱的孩子 Azure、McCoy 和 Grant。

—— Greg Kipper

献给我亲爱的妻子 Pamela 和可爱的孩子 Stephen、Meghan 和 Sean。

—— Joe Rampolla

致 谢

Gregory Kipper

感谢 Joseph Rampolla 的精彩演讲，点燃了我开始整个冒险历程的火花。感谢 Syngress 团队的帮助和耐心。感谢在写作过程中 Total Immersion 公司 Jason、Melissa、Tracey 和 Marie 提供的支持。感谢 Jim Jaeger、Bob Browning 和 Brian Carron 的信任和支持。感谢 John Stockman、Denny Poindexter、Jason Roybal 和 Lynda Mann 在很短时间内仔细审校了本书。

特别感谢 William Lord 中将、David Commons 少将和 RADM Robert Day 在过去两年里所有启迪思想的交流，特别感谢 Daniel Suarez 为本书撰写了非常精彩的前言。

Joseph Rampolla

首先感谢 Gregory Kipper 让我加入团队，合作撰写这本书，经过他的孜孜不倦的努力，终于写完了这本书。还要感谢 Elsevier 出版社和 Syngress 出版社，以及 Carole Mazzucco、Thomas P Mazzucco、Robert J Hawley 博士、James Patrick Rampolla、Angie Liguori、Dave Kramer、Andy Yeager、Joseph Madden、Daniel Suarez、Ori Inbar、Tish Shute、Helen Papagiannis、Brian Wassom、Steven Feiner 博士、Chris Grayson、Edward Roche 博士、Kevin Manson、David Griesbach、Bill Walsh、达拉斯针对儿童犯罪会议的专家、Peter Banks、美国国立失踪与受虐儿童援助中心、福克斯谷技术学院、Cammy Newell、美国司法部、美国联邦检察官办公室、美国伊利诺伊州帕克里奇市警察局、帕克里奇市行政区政府、美国新泽西州博根县检察官办公室、Andre Di-Mino、Michael Taylor、John Paige、Charlie McKenna、Ed Moore、新泽西国土安全和应急办公室、纽约增强现实组（ARNY）、美国全国区域检察官协会、Justin Fitzsimmons、美国国家儿童犯罪特别工作组、Maria Ugarte、双边安全走廊联盟、纽约城市大学约翰杰刑事司法学院、Stan White、Dan Fabrizio、Erik Villanueva、Harmonie Ponder、Bobby Simpson、Eric Huber、Mark Kirk、Mike Zimmerman、Andre Ludwig、Jay Logan、Chris Sedlacik、Richard Ruiz、增强现实新闻粉丝和全世界的网络战士。

作者简介

Gregory Kipper

    Gregory Kipper 是一位未来学家、作家和新兴技术的战略预测者。Kipper 先生一直担任特定行业活动的主讲人、数字取证导师、政府和商业部门值得信赖的顾问。他在数字取证和新兴技术领域撰写了多部专著,例如《隐写术调查员指南》、《无线犯罪与法院调查》和《虚拟化与取证》。

Joseph Rampolla

    Joseph Rampolla 已经在执法部门工作了 17 年,是一位美国国内公认的关于网络犯罪、增强现实、虚拟世界、反恐怖主义、网络欺凌和卧底互联网中继聊天调查等主题的演说家。Joseph Rampolla 担任过美国多家机构的顾问,现在是美国全国区域检察官协会和福克斯谷技术学院的顾问。

前　言

增强现实技术的时代已经来到了。早在 20 世纪 60 年代,人们就构思出了增强现实的基本形式,现在只不过把它变成现实。移动处理的最新进展,伴随着数字存储容量的激增、无处不在的无线宽带连接、智能手机的广泛使用和无限量的数据存储,互联网已经聚集了这项有可能改变游戏规则的技术的所有先决条件。消费者增强现实应用软件已经出现在数以百万计的智能手机(使用内置式摄像机、加速度计、扩音器和 GPS)上,并且随着来自诸如 Nvidia 公司和 QualComm 公司等主要芯片公司的新的增强现实专用芯片的发展,增强现实的价格点和潜在的增强现实应用软件开发者的门槛将会进一步降低。简言之,关键的大规模应用使得增强现实产品和服务成为一个主要的技术/媒体产业。

但是,增强现实是什么? 更重要的问题是,当增强现实应用软件成为主流时,会给人类社会带来怎样的影响? 会有什么样的风险和回报? 现在,增强现实被当做新奇的事物,用来吸引年青人对软饮料、电子游戏和电影广告的关注。然而,作为互联网的三维表亲,增强现实的发展历程可能与互联网相似,也会从新奇到过度吹嘘和威胁,最后发展成为大规模的公共设施和基础设施。一路走来,作为开路先锋的个人和公司可能会潮起潮落,但是增强现实对多种人类活动有效性的佐证,预示了这个行业具有欣欣向荣的未来。

信息获取大众化是增强现实最大的潜在用途之一,也是互联网的耀眼之处,这绝非偶然。它超越了严肃的培训和教育等琐事的范畴。完整的在线学位课程已经遍布互联网,例如哈佛大学和麻省理工学院提供了免费的网络课程。然而,增强现实通过在地理空间背景下显示交互信息,能够使培训和教育更进一步,极大地提高了它的有效性。例如,人们如果不愿意阅读复杂设备的操作手册,也许能够在现场投影出一位世界级专家的影像,亲手演示如何操作复杂设备。同样,在紧急情况下,人们也许能够调出正确的心肺复苏技术的现场示范视频,投影到他们手上。这利用了人类强大的视觉信息理解能力,也是人类祖先进化出来的警惕周围危险的一种特性。

从娱乐到培训、教育、执法、军事、政治和法律,许多行业和活动都会从增强现实技术的普及中获益。但是,增强现实与任何其他人类活动没有区别,这个新技术同样也会带来危险。大规模使用增强现实会带来意想不到的二阶和三阶效应,毫无疑问会出现一些以前从未想到的复杂的法律和社会问题,就像互联网出现时一样。

例如,人脸识别、车牌阅读器、蓝牙 ID 和许多其他匿名技术,再加上一个增强现实耳机,能够让用户在街上行走时快速检索过往行人的信息。从刑事寻找可能的目标到广告商、执法部门和评估求职者的雇主,都可以使用增强现实。大量存储与人们相关的数据,在法律和社会方面有何影响? 在过去,这些数据最有可能在互联网上得到,但是现在它们在人们头顶显示,可以让某些特定的人看到,而其他人无法看到。对于被动监控路人的信息披露原则是什么? 是否有一个关于隐私与公众数据挖掘的合理期望? 即使较浅的隐私也不被期望? 增强现实游戏制造商和开发商的产品可能会模糊现实世界,导致玩家被车撞了,那么他们要承担怎样的责任? 而且,罪犯通常是新技术的早期使用者,他们总是通过第一个试用这样的工具,获取不公平的优势。在信任骗局中使用增强现实是一个不错的选择,可以上演最新版本的"尼日利亚王子"诈骗剧,这次你刚刚在人行道上无意中遇到一位久违的朋友,他看起来好像记得关于你的每一件事,即使你不能置身其中。增强现实可以使普通人同样具有专家知识。与你说话的那个人有可能真的把柯勒律治的《古舟子咏》记在心中,或者他们只不过从增强现实讲词提示板上读出来给你留下深刻印象? 如果那是你的律师在法庭上为你辩护呢? 如果他们事实上知道某事,只要能快速引用信息,增强现实能做到吗?

当增强现实的实用性扩大了人类自身能力的时候,与社会密切相关的社会信任就会立刻被增强现实检验。对于增强现实技术的支持者和那些需要了解它的影响的人而言,现在是时候去深入研究这些可能性了。阅读本书会给你一个良好的开端。

Daniel Suarez

目　录

第 1 章
增强现实概论

本章介绍如下内容：
(1) 增强现实的定义；
(2) 增强现实系统的组成；
(3) 增强现实的历史；
(4) 增强现实的现状；
(5) 增强现实与虚拟现实的区别；
(6) 增强现实面临的难题；
(7) 增强现实的发展机遇。

1.1 增强现实的定义和范畴

1.1.1 增强现实的定义

　　增强现实是虚拟环境或虚拟现实的一个分支。虚拟现实技术能够使用户完全沉浸在合成环境中，无法查看周围的真实环境。与之相反，增强现实能够把图像、音频和视频以及触觉感知等数字信息或者计算机生成的信息实时地输送到真实环境里。从技术上看，增强现实能够用于增强五种感官的知觉，但目前常用于增强视觉感知。与虚拟现实不同，增强现实可以让用户看到一个添加了虚拟物体的真实世界，如图 1.1 所示。由此可见，增强现实可以给真实环境提供补充信息，而不是取代真实环境。增强现实可以认为是一种混合现实，介于完全虚拟与完全真实之间。

　　增强现实技术的最早应用案例是歼击机飞行员佩戴的头盔显示器，在电影或电视剧中可以经常看到这种头盔显示器。当飞行员透过座舱窗口观察外界时，头盔显示器能够为飞行员提供一幅带有模拟地平线、飞行高度和速度等信息的数字图像，并将该图像叠加显示在真实场景上，如图 1.2 所示。增强现实技术在几年前就已经成功应用于橄榄球比赛实况转播，如图 1.3 所示。通过电视观看橄榄球比赛时，利用增强现实技术，可以在实况转播中显示第一次进攻线的位置，从而使观众知道进攻队需要前进多远距离才能获得第一次进攻权。与本书后面的一些案例

图 1.1　通过智能手机在真实场景上叠加显示三维图形或模型

相比,这几个案例能够更直观地展现出增强现实技术的应用概貌。

图 1.2　喷气式歼击机头盔显示器的合成场景图像

增强现实不仅能够向真实场景中增加信息,而且能够用于移除真实场景中的信息。其中一个典型案例是 Vulcan 旅行传送应用程序,它能够产生《星际迷航》影视系列中的传送器的“辐射”效果。使用这款增强现实应用程序,能够使传送器衬垫前的人或物体消失或者被重新物化,如图 1.4 所示。

基于增强现实的基本定义和功能描述,可以归纳出增强现实的三个特点,如下:

(1) 把真实场景信息与虚拟信息相结合;

(2) 可以实时地进行人机交互;

图1.3 增强视觉感知的第一次进攻线

图1.4 增强现实传送室应用程序从视图中移除真实物体

（3）用于三维环境中。

实际上，增强现实能够把用户通过其他方式无法感知的信息可视化，并提供给用户使用。就像周围环境中有成百上千万的信息正以某个无线频率传播，如果用户不使用移动电话、平板电脑或笔记本电脑等工具与这些信息进行有效通信，那么用户就会完全不清楚它们的存在。增强现实更像其他的图形用户界面，不论用户身处何地，增强现实都能实时地为用户提供可视化的有用信息。增强现实并不只是一种技术，而是多种技术的组合，它们协同工作，实现数字信息可视化。增强现实非常引人注目，它应用广泛，是多种技术辅助经验的集大成者，并且能够创建实时网络。

正像 Lightning 实验室的 Gene Becker 所述，增强现实的定位如下：

（1）一种技术；

（2）一个研究领域；

（3）一种未来计算的景象；

（4）一种新兴的商业；

（5）一种创造性表达的新媒介。

增强现实的这些定位，与 20 世纪 80 年代二维图形用户界面大众化时具有的特征非常相似。

1.1.2 增强现实的范畴

尽管目前有大量的数字化增强媒体，但是这些媒体并非全部属于增强现实范畴。例如，Photoshop 软件中修饰的图像，以及其他形式的二维表面装饰图，这些都不属于增强现实。而且，增强现实也不包括电影和电视。像《侏罗纪公园》和《阿凡达》这样的把三维虚拟物体无缝融合在真实环境中的电影，由于不具有人机交互功能，因此它们不属于增强现实范畴。与此相反，在前面提到的橄榄球比赛案例中，由于使用实时视频与计算机在显示器上实时生成虚拟的第一次进攻线，因此属于增强现实范畴，而把活动图像加工处理成电影后就不属于增强现实范畴了。

增强现实有时会与"视觉搜索"混淆，特别是在移动环境中。视觉搜索定义为在可视环境中从诸多物体或特征中主动查找某一特定物体或特征。借助一些类似谷歌风镜和诺基亚的指定查找程序，用户可以使用手机采集场景图像，并能够获取与该图像相关的信息。视觉搜索在物体识别和实时交互方面与增强现实相同，但是视觉搜索不满足增强现实的两条规则，即：有效地虚实融合和在三维环境中工作。

1.2 增强现实的组成

前文叙述了增强现实的基本概念，现在深入介绍保证增强现实系统正常工作的方方面面。整个系统正常工作需要许多必需组件，也有很多不同类型的可以用于增强现实的应用平台。本节只列出了固定环境和移动环境必需的核心组件，在第 2 章中将更详细地探究增强现实的工作情况。

硬件：

（1）计算机，如 PC 机或者移动设备；

（2）显示器或显示屏；

（3）摄像机；

（4）跟踪与传感系统，如 GPS、罗盘、加速度计等；

（5）计算机网络；

（6）标识物。

标识物是一种用于虚实场景融合的真实物体，计算机可以通过该物体确定数字信息的呈现位置。

软件：

（1）本地运行的应用软件或程序；

（2）网络服务；

（3）内容服务器。

前文叙述了增强现实的必需组件，本节将介绍当前使用的四种增强现实平台，如下文所示。

1. 带有网络摄像机的个人计算机

因为绝大多数的个人计算机具有观看增强现实的必需组件，所以用户选择这种平台的原因不言而喻。与移动电话和平板电脑相比，这种设备的位置是固定的，可以把标识物放在能够显示实时视频的网络摄像机的视场中。一旦识别出标识物，就能够在显示屏上显示增强信息，使用户可以与之交互，如图 1.5 所示。这种方法经常用来给杂志广告、商业卡片、棒球卡片，以及其他能够做进便携式标识物并放置在网络摄像机前的物品提供增强信息。像 XBox 这样的游戏系统也开始越来越多地采用增强现实技术。

图1.5 使用网络摄像机和个人计算机激活增强现实贺卡

2. 自助服务机、电子看板和视窗显示

自助服务机能够使顾客发现自己与增强现实有着更多的联系。乐高商店自助服务机是一个典型例子，它能够显示完整的乐高玩具。自助服务机也可以用于商业展览和会议展示，它能够为现场观众提供更丰富的体验，如图 1.6 所示。电子看板和窗口显示也经常被用做大的静态标识物，用户可以通过移动设备与之交互。

3. 智能手机和平板电脑

用智能手机访问增强现实内容是当今最流行的方法。智能手机不但能够使用摄像机和显示屏来识别指向的标识物，而且可以使用罗盘和 GPS 功能为某一地点

图1.6 增强现实自助服务机为用户提供新车的全视图

或感兴趣点提供增强信息,如图 1.7 所示。平板电脑之所以被归入这一类平台,是因为当今市场上很多的高端机型带有高清摄像机和 GPS 功能。

图1.7 增强现实在智能手机上显示方向和感兴趣点

4. 增强现实眼镜和头盔显示器

尽管能够进行增强现实的眼镜尚未普及,但是它们的确存在并且已经可以购买到,例如 Vuzix 公司生产的增强现实眼镜。随着技术提高和价格下降,增强现实眼镜有可能会像 iPad 和智能手机一样普及,佩戴者可以根据个人需要和偏好来选择连续的增强现实输入,如图 1.8 所示。

图1.8 用户佩戴增强现实眼镜看到的场景

1.3 增强现实的简史

在没有今天技术优势的情况下,已经有很多富有才干并乐于献身的研究人员为增强现实做出了极大贡献。本节对这些专家以及增强现实发展中的重要事件进行回顾。

1962 年

电影摄影师 Morton Heilig 设计了一种称为"Sensorama"的摩托车仿真器,如图1.9 所示。这是已知最早的具有沉浸感并有视觉、听觉、振动和味觉等多种传感技术的案例之一。

图1.9 Sensorama 系统

1968 年

Ivan Sutherland 创建了第一个增强现实系统,称为"达摩克利斯之剑",如图1.10 所示。这个系统使用了光学透视式头盔显示器,并且是首次使用六自由度跟踪器的案例。

1975 年

Myron Krueger 创建了第一个可以让用户与虚拟物体进行交互的 Videoplace 系统,如图 1.11 所示,其本人也被认为是由虚拟现实和交互艺术创建增强现实系统的先驱之一。

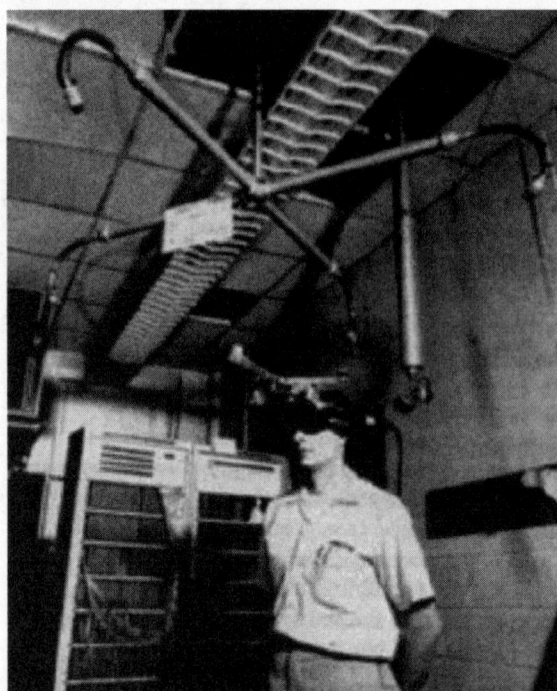

图 1.10 "达摩克利斯之剑"的光学透视式头盔显示器

图 1.11 Videoplace 系统

1992 年

在波音公司计算机服务部的自适应神经系统研究与开发项目中,Tom Caudell 和 David Mizell 被认为是增强现实领域的专家。这是因为他们的研发工作是为波音公司制造部门设计铺设电缆的辅助软件,而这款软件使用了增强现实技术,能够在应该铺设电缆的位置上叠加显示增强信息。

1996 年

Jun Rekimoto 开发了 NaviCam 增强现实原型系统,并且改进了二维矩阵标识物的设计思想,如图 1.12 所示。标识物是一种用于虚实场景融合的真实物体,计算机可以通过该物体确定数字信息的呈现位置。这种二维矩阵标识物是第一个实现摄像机六自由度跟踪的标识物,至今仍在使用。

图 1.12 常见的增强现实二维标识物

1997 年

增强现实领域的科研带头人 Ronald Azuma 给出了增强现实的事实上的定义,并指出增强现实具有下面三个特点:

(1) 虚实融合;

(2) 实时交互;

(3) 三维注册。

1999 年

Total Immersion 公司成立,并作为第一家增强现实解决方案提供商进入市场。Total Immersion 公司的 D'Fusion 产品可以跨平台操作,而且该公司在后续十年内继续对这个产品进行研发,力争成为增强现实领域的市场领导者。

Hirokazu Kato 在开源社区发布了 ARToolKit 软件包。这个软件包可以把虚拟物体(包括三维图形)融合进真实场景视频,并能在任何操作系统上运行。现在通过网络浏览器看到的几乎所有的基于 Flash 的增强现实,都是使用 ARToolKit 制作的。

Hollerer、Feiner 和 Pavlik 开发了一种可穿戴的增强现实系统,可以让用户体验集成了与户外位置相关的增强现实信息。这种系统是增强现实浏览器的前奏。

2000 年

Bruce Thomas 等制作了一款增强现实版本的流行游戏 Quake。这款游戏集成了六自由度跟踪系统、GPS、数字罗盘和基于视觉的标识物跟踪技术,并且可以让玩家以第一人称视角操纵游戏,如图 1.13 所示。

图 1.13 玩家看到的增强现实游戏 Quake 的界面

同年,Simon Julier 等开发了战场增强现实系统 BARS,如图 1.14 所示。这个战

图 1.14 战场增强现实系统

场增强现实系统由可穿戴计算机、无线网络系统和头盔显示器组成,能够给地面上的士兵提供有用信息。

2001 年

Reitmayr 和 Schmalstieg 开发了一个可移动的多用户增强现实系统。这种系统设计思想把移动增强现实与共享增强现实空间中多用户之间的协作能力结合起来,展现了增强现实混合系统的潜力,如图 1.15 所示。

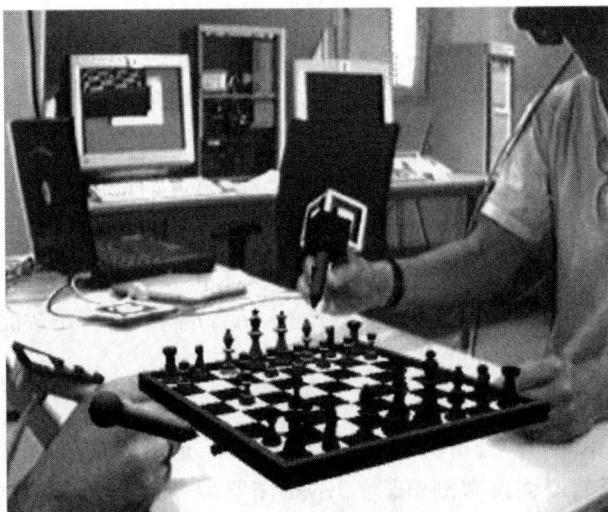

图 1.15 多用户增强现实系统

Vlahakis 等开发了一个用于旅游和教育的 Archeoguide 增强现实系统。Archeoguide 系统建于希腊历史遗址奥林匹亚周围,包含导航界面、古代庙宇与雕像的三维模型以及赛跑运动员的数字化身,如图 1.16 所示。

图 1.16 Archeoguide 增强现实系统

Kooper 和 MacIntyre 开发的现实世界互联网浏览器被公认为是第一个增强现实浏览器,它用做增强现实与万维网的接口。

2004 年

Mathias Möhring 展出了移动电话上第一个用于跟踪三维标识物的注册系统。这个系统可以检测和区分不同的三维标识物,并且能够把三维渲染融合进实时视频流里。这项工作首次在消费者的手机上实现了视频透视式增强现实系统。

2006 年

诺基亚公司启动了移动增强现实应用项目。这项研究项目使用移动电话的多传感器功能,从事开发增强现实诱导应用软件的实验。原型系统可以对摄像机采集的连续视频流进行处理,并且能够以图形和文本的形式实时地为用户评注周围环境。

2008 年

奥地利的 Mobilizy 公司发布了带有增强现实功能的 Wikitude 世界浏览器。这个浏览器把 GPS 和罗盘数据与维基百科输入结合起来,能够在智能手机的实时图像上叠加显示增强信息。

2009 年

荷兰的 SPRXmobile 公司发布了 Layar 浏览器,这是另一款使用 GPS 和罗盘数据进行三维注册的增强现实浏览器。Layar 浏览器使用开放的客户—服务器平台和内容层,在使用效果上,与基于 PC 机的传统网页浏览器相同。

增强现实和移动增强现实的历史虽然短暂,但是异彩纷呈,在其发展道路上充满了精彩和创新。下一节将介绍增强现实的目前使用情况。

1.4 增强现实的发展现状

由于在过去的几十年里,增强现实不断发展并以其独有方式进入现代技术领域,因此值得花费时间全面了解这项技术的发展现状。

1.4.1 广告业

今天,越来越多的品牌看重移动电话的普及程度,开始把增强现实与它们之间的商业竞争联系起来。例如日产、丰田、宝马和 Mini 汽车等公司,都在使用杂志广告和增强现实给客户展示正在做广告的车型的全三维视图。乐高商店使用增强现实系统给孩子们提供他们手中盒子里乐高玩具的栩栩如生的视频信息。影视业已经利用增强现实进行电影宣传,例如电影《变形金刚》、《钢铁侠》和《星际迷航》等。

东京购物区的"N 大厦"是增强现实在广告业中应用的较大案例之一。它以快速响应码为基础,购物者和行人使用增强现实可以获悉大厦中的实时信息,以及大厦中海报的内容,而且大厦外部会根据季节不同呈现出不同的增强装饰效果。

1.4.2　任务支持

增强现实未来最有潜力的用途之一是任务支持。增强现实一直用于给人们提供辅助,使人们更容易地完成诸如装配和维修这样的复杂任务。在美国邮局可以发现增强现实在这方面的应用案例。增强现实应用程序让用户在邮寄包裹前检查包裹尺寸,可以节省时间,并能让邮局工作人员的工作更轻松。另一个案例是移动增强现实打印机维修应用,如图 1.17 所示,它展示出在移动环境中增强现实任务支持的未来和潜力。

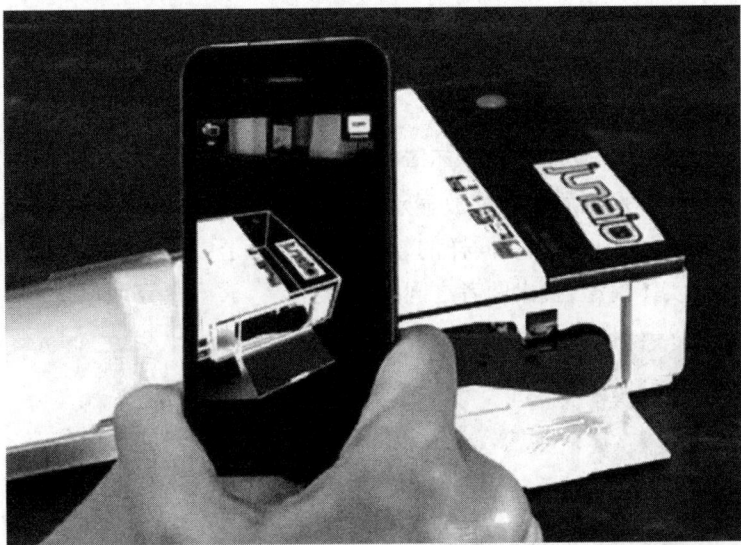

图 1.17　增强现实打印机维修程序

1.4.3　导航

增强现实在导航方面用途广泛,并且具有持续发展的潜力。像 Yelp 和 NRU 这样的城市导航系统,具有增强现实功能,可以实时地给用户提供他们所找地方的视觉导向,帮助他们找到餐饮和购物的地点。

另一个应用案例是 TapNav 系统。TapNav 系统使用了增强现实技术,可以把用户的行动路线叠加显示在前方道路上,如图 1.18 所示。通过简单的视觉提示,用户能够快速看到他们应该去何处,这是该系统的优势所在。但是,这种应用目前尚存在几个缺点,例如最大的隐患是驾驶时浏览移动电话容易发生车祸。

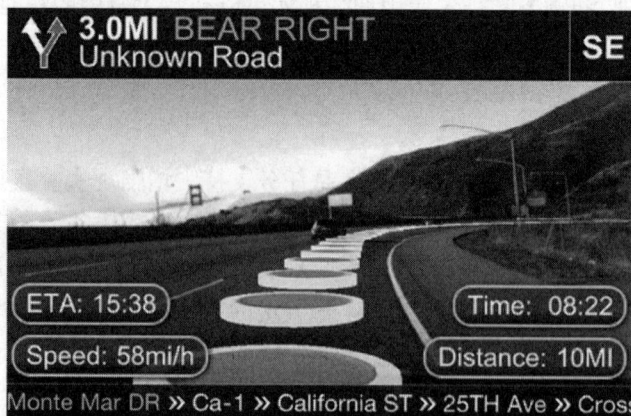

图 1.18 TapNav 显示

1.4.4 家居与工业应用

目前,增强现实在家居和工业环境中也有应用。对于家居而言,全沉浸魔镜系统使用增强现实技术来放置和缩放显示虚拟家具和器皿,从而使用户获悉摆放实物后的景象,如图 1.19 所示。同样的软件也可以用于更大的工程,例如比较数字模型与真实的实体模型,找出两者之间的差异。

图 1.19 增强现实用于显示新电视机的摆放位置

1.4.5 艺术

增强现实艺术品是当前增强现实的另一个应用。有一款称为 Konstruct 的软件,可以让用户在增强现实环境里创建艺术品,如图 1.20 所示。纽约现代艺术博物馆在 2010 年举办了一次展览,可以让参观者使用 iPhone 手机或者安卓手机观看隐藏在增强现实中的展览品。

图 1.20 增强现实软件 Konstruct 可以让博物馆参观者创作交互式艺术品

1.4.6 旅游

从字面上来看,增强现实与增强旅游体验关系密切。开放周围景点隐藏的有趣信息,旅游者、观光客和学术界人士就有机会探究该地的独特细节。目前有几款专门为旅游设计的增强现实应用软件,其中有一款称为"托斯卡纳增强现实"软件,它能够给来托斯卡纳的游客介绍当地的名胜古迹。另一款软件是虚拟旅游风景浏览器,安放在蓬塔索尔的环境分析中心。这个固定不动的增强现实系统为游客提供了研究卡斯卡伊斯海岸独特的生物多样性和名胜古迹的机会,如图 1.21所示。

图 1.21 位于蓬塔索尔的虚拟观光站

1.4.7 娱乐和游戏

美国的娱乐和游戏产业规模巨大,每年能够创利数十亿美元。PricewaterhouseCoopers 会计事务所预测 2012 年全世界游戏产业收益将超过 680 亿美元。如同引人注目的新技术一样,制片人和演艺人员始终倾向于从事能够给予观众较好感受的事情。随着移动市场的持续扩大,制片人和娱乐公司也忙于重新调查观众易于接受的娱乐方式。增强现实具有巨大的发展潜力,这项技术可以让用户不论身处何地,都能够与娱乐活动互动。

当前有许多可以在移动设备和台式计算机上运行的基于增强现实的游戏。在iTunes 上简单地检索"增强现实"术语,就能够发现有许多可以在移动设备上运行的游戏,还有更多的游戏正处于发布状态。

Parrot AR. Drone 遥控四轴飞行器是另一个案例,如图 1.22 所示。它把飞行远程控制玩具与 iPhone 手机或 iPad 平板电脑程序结合起来。安装了相关程序后,用户可以使用 iPhone 手机或者 iPad 平板电脑,通过加速度计和触觉接口遥控四轴飞行器。除此之外,四轴飞行器上还装有一个摄像机,能够让用户从四轴飞行器的视角观察事物,而且可以让用户与其他玩家进行虚拟空战。

图 1.22　用 iPad 平板电脑操纵四轴飞行器

增强现实还可以增强音乐会和电影院的演出效果。一个典型案例是"杜兰杜兰项目",乐队在舞台上使用了增强现实技术,为观众带来了全新的视听感受。增强现实同样开始成为交互式电影的新媒介,这部分内容将在第 3 章中讨论。

1.4.8　社交网络

随着社交网站使用量的持续增长,以及移动社交网络的逐渐流行,因此不必惊讶增强现实能够产生更加丰富的社交网络体验。移动应用原型 Recognizr 就是一个例子,它可以让用户通过手机"看到"对方的介绍,并且获悉对方与哪些网络服务和社交网络相关联,如图 1.23 所示。

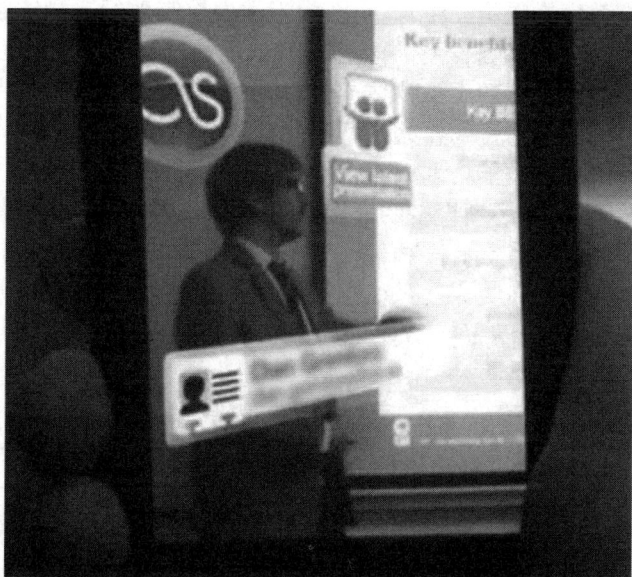

图1.23　Recognizr 增强现实社交网络应用

1.4.9　教育

信息技术可以通过多种方式改变教育模式。例如,从每个人通过互联网可以得到大量信息,到在线学习方式,还有像创新黑板这样的可交互的人机交互工具。创新黑板是一种数字式黑板,如图 1.24 所示,它可以与学生交互操作,这是老式黑板不具有的教学功能。

图1.24　学生与创新黑板进行交互

增强现实在教育界颇受关注,这是因为当学生控制他们自身的学习并与真实环境和增强环境交互时,他们会学到更多的知识。通过增强现实,学生们能够操纵使用其他方式不可能把持的虚拟物体或者真实物体的模型,完成学习任务并掌握专业技能。增强现实学习法的益处是不会犯真正的错误,只会收获不同程度的学习经验。在高等教育和技能培训方面,增强现实同样具有巨大的潜力。例如,利用增强现实,机修工能够获悉新设备的维修程序;炮兵能够记住如何使用特定型号的虚拟火炮。除了训练方式具有多样性之外,另一个优点是用户在虚拟训练中犯的错误不会给现实带来不利后果。虽然训练系统有多种学习方式,但是对于用户在训练中可能会犯的错误,只提供实时反馈和实境学习的机会。

1.4.10 翻译

近几年来,随着光学字符识别技术不断提高,增强现实翻译机快速发展起来。用户只需用智能手机指向希望翻译的文本,翻译的结果就会显示在手机屏幕上。Word Lens 就是这样的一款增强现实翻译软件,如图 1.25 所示,它读取摄像机窗口中可见的文本,翻译之后,会把翻译结果叠加显示在原始文本上。还有一个称为 Intelligent Eye 的应用软件,与 Word Lens 软件的工作方式大致相同。

图 1.25　Word Lens 增强现实翻译机

1.5　增强现实与虚拟现实的区别

本节将从技术角度介绍增强现实与虚拟现实之间的异同点。尽管两者具有一些共性,并且相互关联,但最终还是有区别的。

1.5.1 虚拟现实

虚拟现实是一种完全人工的数字环境,它借助计算机软硬件,为用户创建真实环境的虚拟景象。对用户而言,若想进入虚拟现实环境,必须使用专门的数据手套、耳机和眼镜,这些设备作为用户与计算机系统之间人机交互的桥梁,如图 1.26 所示。通过这些设备,用户的五种感官中至少有三种感官被计算机控制。另外,计算机还监视用户的行为。例如,眼镜能够跟踪用户眼睛的视线方向,做出相应的反应,并传送新的视频输入。在 20 世纪 90 年代,虚拟现实大受热捧,但在 90 年代末迅速衰败。

图 1.26 虚拟现实飞行模拟器

1.5.2 虚拟现实与增强现实的异同点

虚拟现实是完全沉浸在基于真实模型或完全虚构的数字环境中,而增强现实是在真实环境中融入数字信息。两者的相同点是,它们都使用多种信息源,通过编程为用户创建视觉或其他感官的输入,模仿产生某种体验。尽管用户感觉两者相似,但两者的不同点要远远多于相同点,最大的不同点是增强现实能够在真实环境里工作,而虚拟现实则不能。

1.6 增强现实与快速响应码的区别

快速响应码又称为 QR 码,它是一种能够同时被 QR 码读入器和智能手机读取的二维编码。这种编码的设计样式是在白色背景的方形模板上排列黑色模块。QR 码中包含的内容能够被高速解码。编码信息可以是文本、网址,或者像商业卡片、视频、天气预报等普通信息。为了能够使用手机读取 QR 码,手机需要预先安装一个读入软件。

QR 码在日本非常普及,它是最流行的二维条形码之一。近几年来,QR 码开始在美国流行,越来越多的 QR 码出现在杂志广告和产品包装上,如图 1.27 所示。

图 1.27 软饮料瓶上的 QR 码

1.7 增强现实的难题

本节将从技术和社会两个方面讨论增强现实面临的难题。技术方面的难题涉及识别问题、传感准确度和基于不同的软硬件平台的编程局限性,以及诸如定位等使用问题。社会方面的难题涉及一些与增强现实技术没有直接关系,但在使用增强现实时会存在某些潜在的负面影响的问题。

1.7.1 增强现实的技术难题

复杂系统要求各个部件正常工作,才能保证系统具有相应的功能,但是总会存在一些问题。增强现实系统与这些复杂系统相似,也存在一些问题。尽管增强现实在技术方面不断获得改进与提高,但是到本书成书时为止,增强现实最大的技术难题仍然是目标识别和传感器准确度。

目标识别或者注册问题是当前限制增强现实技术应用的最基本的问题之一。真实世界和虚拟世界中的物体必须相互配准,否则会减弱虚实世界共存的幻觉,甚至会导致注册失败,如图 1.28 所示。在一些原本可以使用增强现实组件提供大量增强信息的应用中,由于未能做到精确注册,迫使这些应用最终放弃使用增强现实技术。

移动增强现实及其系统对传感器精度有要求。现代移动增强现实系统使用一种或多种跟踪技术,如数字摄像机或其他光学传感器、加速度计、GPS、陀螺仪、固态罗盘、射频识别和无线传感器等技术。这些技术能够提供不同级别的准确度和

图1.28 虚拟物体与用户没有正确配准出现的注册问题

精度。当室内定位与视线跟踪涉及到基于定位的增强现实时,也会面临挑战。

还有其他形式的技术难题,例如设备互用性、基于特殊平台的编程局限性、像手机显示屏尺寸小等设备约束等。由于手机的显示屏尺寸小,用户有可能不想依靠手机来获取增强信息。在 iPad 和其他品牌的平板电脑不断开创技术前景时,它们较大的显示屏能够给用户带来更丰富的体验,最终目标是做出具有增强现实功能的眼镜和隐形眼镜,实现虚实环境无缝融合。

对于增强现实而言,若想真正成功,它的学习曲线必须低,虽然这是增强现实固化其中的特性,但是仍然存在其他方面的挑战。增强现实必须具有实用性。现在,增强现实仍然主要用于娱乐和广告业,但情况也在发生变化,它逐步扩张进入教育、医学、维修和其他领域,并在这些领域中一直寻找更加有效的方法或解决方案,增强现实有可能会变成日常生活中的习惯性选择。"选择"的含义是,有可能会出现增强现实不是优先选择的情况,就像现在使用智能手机并不适用于所有情况,例如撰写书籍。

1.7.2 增强现实的社会难题

与增强现实的技术难题相比,解决社会难题或非技术难题的代价将会更大。原因很明显,如果人们不喜欢某个事物,那么通常不会使用它。因此,本节用对增强现实持有更多怀疑的观点作为开端,并询问一个问题:"人们是否真的会舍弃增强现实?"

用其他技术发达国家作为判断基准,例如日本,增强现实很有可能会逐渐变得相当流行,尤其考虑到采纳新技术是其文化的组成部分。像美国、欧洲和英国等其他国家,对增强现实新技术的接受步伐可能会慢一些,但由于年青人伴随着这项技术长大,因此最终增强现实在某种程度上的集成有可能是不可避免的。同时,增强现实当前面临的真正的难题将持续到未来,特别是当这项技术处于成熟期的时候。

对增强现实而言,第一个真正的社会难题是人们拥有多条途径可以获得极好的用户体验。现在只有小范围的用户对增强现实表示满意或者有吸引力,但这种情况会很快改变的。目前,公众对增强现实了解甚少,为了改变这种现状,必须开发具有一定功能的、经济的、学习曲线低的多种增强现实用户体验。

增强现实的第二个社会难题是隐私问题。因为摄像机是增强现实系统的核心组件之一,所以摄像机将会拍摄到用户想要看到的任何事物的图像和视频。使用类似增强现实软件 Viewdle 中的人脸识别技术,再结合地理位置信息,增强数据将会潜在地与用户在线和离线活动无缝集成。这意味着在真实世界中行走的人们将不再只是孤立的人,而是物联网(将在第 6 章介绍)的一部分,并且具有数字影像,能够在线获取其全部信息。Daniel Suarez 的惊险小说《自由》描述过这种情况,小说中有一个佩戴增强现实眼镜的人物,能够看到并识别出在街上行走的人,然后显示出他们的私人信息,而且使用悬浮在每个人头顶的正负美元数字表示每个人的资产净值。虽然这个例子有些极端,当你读到这里时可能会停顿,但是现在看来,这种情况在某些领域中是可能存在的。

人身安全风险是增强现实面对的第三个社会难题。在驾驶车辆时使用移动电话,会严重分散注意力,这是当前每年公路上成千上万起事故、伤害和死亡的罪魁祸首。2005 年,犹他大学研究发现,在美国每年由于使用手机而分散注意力会引发 2600 例死亡和 330000 例伤害事件。如果开发出能够显示驾驶方向的增强现实挡风玻璃,将明显有助于驾驶员。当然,如果挡风玻璃能够显示驾驶方向,完全可以推测出挡风玻璃也能够为驾驶员提供各种各样的额外信息,包括一些驾驶员可能不需要的信息。这种挡风玻璃与现在的计算机显示器的工作方式类似,同样具有许多视窗,能够显示不同类型的信息。于是,这个难题转变成这些视窗中哪一个应该对应着真实的路况信息。考虑到手机对驾驶的影响,不难想象在这种情况下,驾驶员会被各种各样的信息淹没。例如,当他们碰巧身处一个不熟悉的地区,而且正在使用增强现实界面或挡风玻璃寻找一家饭店并读取增强现实信息时,一些该地区的广告和优待券信息不断地弹出来,这样会干扰驾驶员正常阅读需要的文本信息,如图 1.29 所示。

随着增强现实的日益流行,出现了第四个社会难题,即未经授权的增强广告。就像前文提到的那样,商人和广告客户已经开始关注增强现实。通过增强数字广告实时地实现真实世界资本化的概率非常大,而且利润很高,因此广告客户们不会忽视这个方面。在电影《少数派报告》里,可以看到一个极端的例子。当由 Tom

图 1.29　信息过度拥塞的增强现实挡风玻璃

Cruise 扮演的 John Anderton 走过商业街时,两旁商店的个性化广告对他进行了实时身份识别。希望电影《少数派报告》里的这种情况不会发生。当增强现实发展到一定程度时,很有可能会对广告客户进行适当管理,在他们没有获得足够权限之前,不可以在建筑物表面、墙壁和其他真实物体上增强显示营销信息。这个社会难题的分支之一是基于真实世界行为的不受欢迎的个人广告,这类广告把地理位置数据和个人公开的社交媒体信息结合在一起,如图 1.30 所示。

图 1.30　极端的增强现实广告

1.8   增强现实的发展机遇

尽管增强现实在过去40年里一直处于发展阶段,但是广泛认为在2009年增强现实会成为主流技术。当前围绕这项技术的宣传与过去的技术宣传相似,例如20世纪90年代对虚拟现实技术的宣传,以及21世纪初对诸如网络虚拟游戏"第二人生"的三维在线团体的技术宣传。对于那些技术而言,实际上它们中没有一个能够做到像宣传中说的那样,因此许多消费者在新鲜感消失后就不再使用它们了。

增强现实现在正经历着相似的考验,但与那些技术相比,存在一些差异,正是这些差异给予增强现实获得广泛成功的良机。首先,移动智能手机已经成为发达国家基础设施的组成部分,并且正快速地成为所有国家基础设施的组成部分。移动电话将作为现在的增强现实与未来的增强现实之间的桥梁,尤其当移动电话在速度和性能方面不断提高的时候,它的桥梁功能会更加明显。通过继续使用当今移动设备中具有的混合跟踪和传感器融合技术,将会克服一些识别方面的难题,相应地创造出能给增强现实提供越来越多有趣且有实用内容的环境。

第3章将会更加详细地介绍增强现实在各个领域中的应用情况,包括从教育到维修,从医学到商业,从娱乐到执法。由此可见,增强现实几乎具有影响所有行业的潜力。

1.9   本章小结

本章给出了增强现实的定义,即它是一种融合虚实信息,并能实时交互且工作在三维环境中的新技术。本章还回顾了增强现实技术自1962年出现一直到今天的发展历程,叙述了增强现实与虚拟现实和快速响应码之间的区别,讨论了增强现实面临的诸多难题,以及相应的发展机遇。

随后的章节将会更加详细地讨论增强现实的工作方式,增强现实如何影响和促进各行各业的发展,以及增强现实当前和更长期的发展趋势。

第 2 章
增强现实的类型

本章介绍如下内容：

（1）增强现实的工作方式；

（2）增强现实方法；

（3）增强现实显示技术；

（4）增强现实应用中的人机交互。

2.1 增强现实的工作方式

第 1 章介绍了增强现实的基本概念，本章以第 1 章内容为基础，进一步介绍增强现实技术的诸多方面，包括增强现实系统正常工作的必要组成，以及不同类型增强现实系统的应用平台。

如第 1 章所述，下面列出了增强现实系统在固定环境和移动环境里工作所需的核心组件。

硬件构成包括：

（1）计算机，如 PC 机或者移动设备；

（2）显示器或显示屏；

（3）摄像机；

（4）跟踪与传感系统，如 GPS、罗盘、加速度计等；

（5）计算机网络；

（6）标识物。

软件构成包括：

（1）本地运行的应用软件或程序；

（2）网络服务；

（3）内容服务器。

2.1.1 增强现实系统类型

增强现实系统可分为两类：移动型和固定型。移动型增强现实系统给用户提供了可移动性，可以让用户在大多数环境中使用增强现实并随意走动。固定型增强现实系统与之相反,系统不能移动,只能在系统构建位置处使用。实用的移动型或者固定型系统应该让用户关注增强现实应用,而非设备本身,从而使用户的体验更加自然,使系统更易被社会认可。

2.1.2 增强现实的功能

增强现实具有两种功能:

(1) 增强感知真实环境;

(2) 创建虚拟环境。

为了满足不同的应用需求,增强现实具有两种截然不同的功能。简言之,第一种功能是真实的,第二种功能是虚拟的。第一种功能为用户呈现真实环境,增强用户的视觉感知并提高工作效率;第二种功能为用户显示一个虚幻的场景。增强现实界面能够使不可能发生的事情变为现实。本节将探究用户环境的多样性,以及如何将其功能划归上述两种功能之一。

2.1.3 增强感知真实环境

美国韦氏字典中如下定义"感知":通过感官知晓外界环境,或对之形成印象。增强现实就是一种增强用户对周围环境感知能力的工具。在某些场合,增强现实用于娱乐目的,但它的实用功能之一是辅助决策。增强感知真实环境,意味着给用户提供有用信息,使用户更好地理解周围环境并改进决策和行为,如图2.1所示。随后的四幅插图,即图2.2~图2.5,举例说明了几种增强现实用于增强感知真实环境的情况。

图2.1 增强感知案例:显示真实环境的相关信息,用于辅助决策

图 2.2　带有增强理解的真实环境：为真实场景提供虚拟名称和符号等附加信息，使之更容易理解

图 2.3　带有增强可视化的真实环境：让物体处于高亮状态，
例如使用线框模型，便于更好地观察和理解物体

图 2.4　虚实场景的感知：虚拟物体加入真实场景时，
虚拟物体叠加显示在真实场景上，或者与真实场景融为一体

图 2.5 用虚拟物体代替真实物体：数字模型与
真实物体处于同一观察位置，用数字模型代替真实物体，作为真实场景的一部分

2.1.4 创建虚拟环境

第二种增强现实功能是创建虚拟环境。增强现实的第一种功能可以让用户感知周围物体及其相互关系，第二种功能创建的虚拟环境可以让用户在其中漫游，而且用户能够看见真实世界中并不存在的事物，并能够与其他人分享这幅视图。图 2.6~图 2.9 举例说明了真实环境中加入可存在的虚拟事物、真实环境中加入不复存在的虚拟事物、超越现实环境和不可能现实环境等情况。其中，超越现实环境是仅仅为了艺术或娱乐目的而使用增强现实技术创建的不可能真实存在的场景；不可能现实环境经常用于增强现实游戏中。

图 2.6 真实环境中加入可存在的虚拟事物：小女孩在挑选手提包，
决定在真实世界里是否购买

图 2.7　真实环境中加入不复存在的虚拟事物：虚拟恐龙融入现在的森林

图 2.8　超越现实环境：虚拟战士融入真实环境中，使用
闪光象征接触来进一步强化格斗效果

图 2.9　不可能现实环境：星球大战是这款空间格斗游戏的主题

2.1.5 增强现实的基本过程

如果忽视标识物设置和方位确定方法的差异,那么各种增强现实的实现方法是相似的。基于标识物的增强现实本质上是把三维虚拟模型嵌入真实环境中,而基于位置的增强现实并不需要识别标识物,只需把数字信息赋值给一套栅格节点。下文列出了基于标识物的增强现实方法的基本过程,如图 2.10 所示。

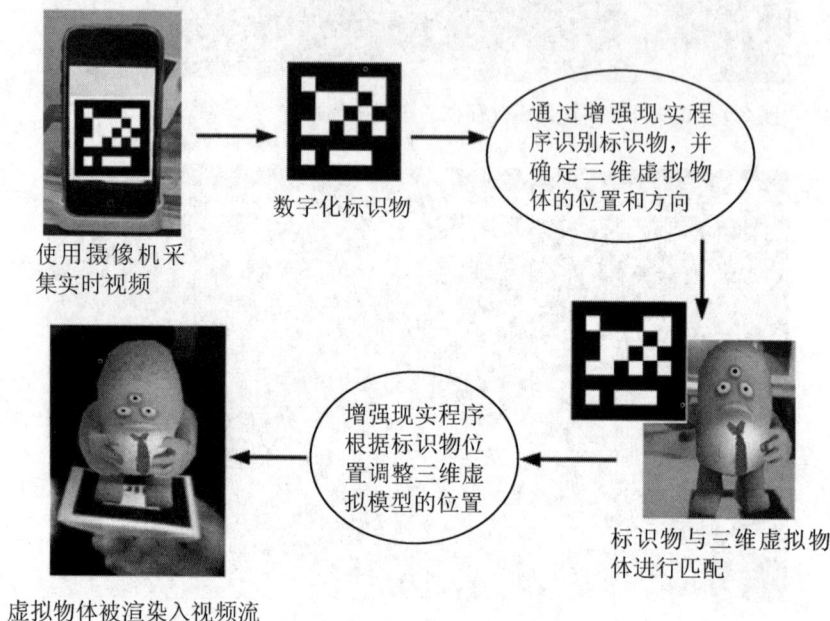

图 2.10 增强现实的创建过程

步骤 1:使用摄像机采集实时视频。

步骤 2:来自摄像机的视频流数字化成图像,然后通过边缘检测和设计的二进制编码模板识别标识物。

步骤 3:识别出标识物后,以标识物作为参考,由增强现实程序确定三维虚拟物体在增强现实环境中的位置和方向,并确定数字模板的方向。

步骤 4:标识物中的标识符号与预设的数字模板进行匹配。

步骤 5:程序根据标识物位置调整三维虚拟模型的位置。

步骤 6:虚拟物体被渲染入图像帧和视频流,同时,增强现实内容也可以在计算机显示器、智能手机或头盔显示器等显示设备上查看。

2.1.6 识别与跟踪的难题

识别问题是增强现实的最大难题之一,部分原因是因为与实验室或测试环境相比,真实环境具有不完美性,或者称为复杂性。这些年来,虽然计算机技术不断提高,但是在非理想环境下区分目标和背景时仍然存在瓶颈。下面罗列出许多导致识别问题的跟踪难题,并给出了相应的定义。

遮挡:阻挡或者阻碍视线。

未聚焦的摄像机:未聚焦的摄像机镜头会降低标识物细节的解析度,导致虚拟物体定位出现误差,甚至无法识别出标识物。

运动模糊:对快速运动物体成像时出现的明显的图像拖尾现象。在增强现实中,运动模糊现象通常不是由目标运动引起的,而是由移动设备上的摄像机的运动引起的。

不均匀照明:模糊标识物的轮廓,使其部分区域处于阴影中,导致在增强现实应用中该标识物不可识别,或者错误地识别成不同的标识物。

2.2 增强现实方法

第 1 章曾介绍了增强现实的四种通用平台:个人计算机、自助服务机、移动设备和增强现实眼镜,本节将继续更深入地研究增强现实的特性。根据识别方法的不同,可以对增强现实进行分类,这样能够使用户明了如何选择满足需要的增强现实类型。识别是不可或缺的步骤,软硬件通过它来确定各种具有增强现实功能的数字设备的适用场所和工作方式。如果不考虑与增强现实进行交互的设备类型,那么可以选用下列四种方法中的一种:

(1) 图案法;

(2) 轮廓法;

(3) 定位法;

(4) 表层法。

后续章节将依次讨论这四种方法。

2.2.1 图案法

图案法是指增强现实系统对基本形状或标识物执行简单的模式识别算法,识别出标识物后,系统使用静态或者运动的三维模型、音频视频剪辑或者其他信息填充那个区域,如图 2.11 所示。这种方法是使用个人计算机和网络摄像机与增强现实进行交互的最常用的方法,并且用户通常是增强视频输入的一部分。

2.2.2 轮廓法

增强现实的轮廓法是指识别出诸如手、脸或躯干等身体的一部分,然后将其与虚拟物体无缝融合的方法。使用轮廓法,用户能够通过自然运动与三维虚拟物体

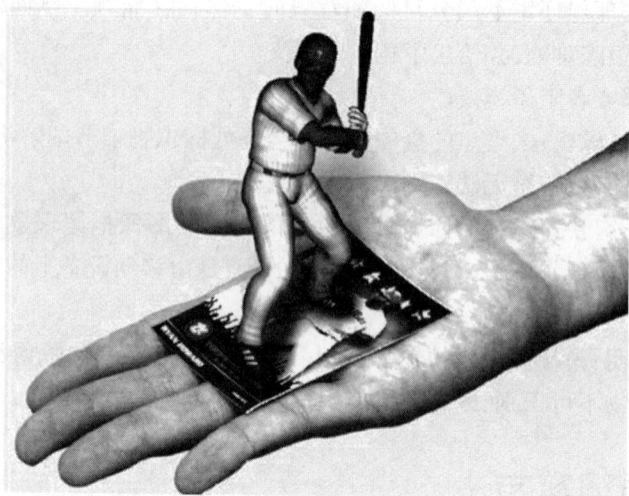

图 2.11　基于标识物的增强现实

进行交互,例如使用真实的手拿起虚拟物体。摄像机跟踪用户手的轮廓,并相应地调整虚拟物体的方位。这种方法与人脸跟踪非常相似。当增强现实软件检测到人脸时,确定各种脸部特征的位置,如眼睛、鼻子、嘴巴等,然后以这些位置作为参考点,把虚拟物体叠加显示在人脸上。一旦软件识别出人脸,它就能够调整运动,实时地重绘出虚拟物体。图 2.12 显示了用户使用 Total Immersion 公司的魔镜程序来试戴虚拟太阳镜,当用户头部转动时,虚拟太阳镜也随之调整方位。图 2.13 显示了一个给电影《变形金刚》做宣传的增强现实网站,它能够让用户戴上虚拟的擎天柱的面具。

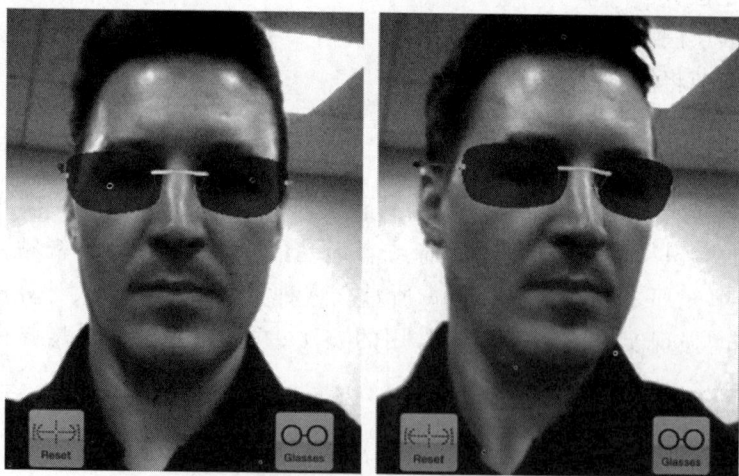

图 2.12　增强的太阳镜

图 2.13　变形金刚擎天柱的增强现实宣传

2.2.3　定位法

定位法的实质与其字面含义相同,这种方法是基于详细的 GPS 信息或者三角测量定位信息。当用户在真实世界中行走时,利用这些信息和摄像机的方位视图,增强现实系统能够精确地把图标和虚拟物体叠加显示在建筑物或人们的影像上。在移动设备上经常使用这种方法。新式的移动电话具有支持基于定位法的增强现实的所有必需组件,例如摄像机、显示屏、GPS 功能、加速度计和数字罗盘,并把它们集成为一体。有很多称为增强现实浏览器的应用程序,它们能够在移动电话上运行,而且能够创建虚实融合的个人窗口。增强现实浏览器与可以在互联网上搜索信息的互联网浏览器很相似,它能够让用户在真实世界中找到相关信息。增强现实浏览器被设计成可以让用户看到移动摄像机指向的几乎所有事物的信息。例如,增强现实浏览器可以帮助用户寻找一家不在视线范围内、但只需几分钟步程的咖啡店,或者对用户面前的一家餐馆给出评论。这种信息可以附加上用户周围感兴趣点的精确的 GPS 坐标,实时地显示在用户的移动电话上,如图 2.14 所示。增强现实浏览器也有很多信道,其中包括可以归入不同应用的成千上万条独立的内容,每一个用户都可以访问它们。信道通常是根据特殊兴趣创建的,例如受欢迎的餐馆和最近的干洗店等,并且与其数量众多一样,它们的形式也是多种多样的。采用定位法的增强现实浏览器有 Layar、Wikitude 和 Tagwhat。

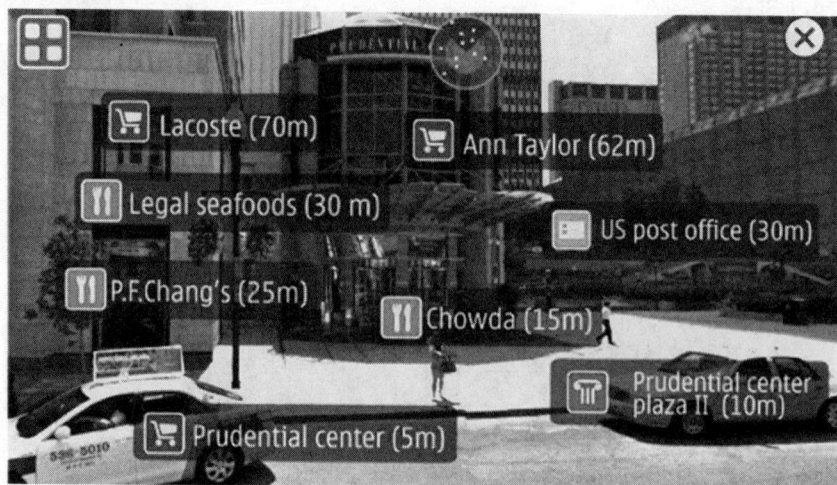

图 2.14 增强现实浏览器为观察者显示许多位置信息

　　增强现实浏览器也不仅限于定位法。由于移动设备具有便携性和高清晰度摄像机，因此增强现实浏览器也能够使用图案法和轮廓法，例如可以使用这两种方法来识别 QR 码。只要增强现实浏览器识别出带有 QR 码的广告，就能够为用户提供商品信息，或者为用户指明能够找到这种商品的距离最近的商店的方向。

2.2.4　表层法

　　基于表层法的增强现实是通过用户或物体接触的屏幕、地板或者墙壁等实现的，并且能够给用户提供实时的虚拟信息。在 2007 年，微软公司推出了一款咖啡桌大小的称为"表层桌面"的计算机，它能够看到并对触觉和真实世界中的物体产生反应。这台表层桌面计算机是增强现实组件与微软公司的光空间项目相结合的产物。光空间项目是把表层桌面计算与增强现实技术结合起来，创建一个能够在任何表面，甚至是两个表面之间的空间都可以充分交互的环境，如图 2.15 所示。表层桌面计算与增强现实相结合，称为空间计算。

　　在三维真实世界坐标系中标定光空间摄像机和投影仪，确保图形直接投影到摄像机和投影仪都可见的任意表面上。换句话说，真实空间和虚拟空间同时存在于整个房间里。例如，对桌面上的虚拟物体执行多点触控交互后，用户可以通过同时触动物体和目的显示区，把物体移动到目的显示区里。或者用户可以通过抓取动作拿起某个虚拟物体，然后走向可交互的墙壁显示区，在这个过程中，用户可以观察手中的虚拟物体，最后用另一只手触碰该物体，把它放在墙壁上。

　　微软公司有一个与光空间项目相似的项目，称为 Kinect。这种运动传感输入设备是为 XBox 游戏控制台开发的，用户可以通过动作和语音命令与游戏进行交互，而不再依赖传统的游戏控制器。自从 2010 年 Kinect 问世以来，一直通过多种

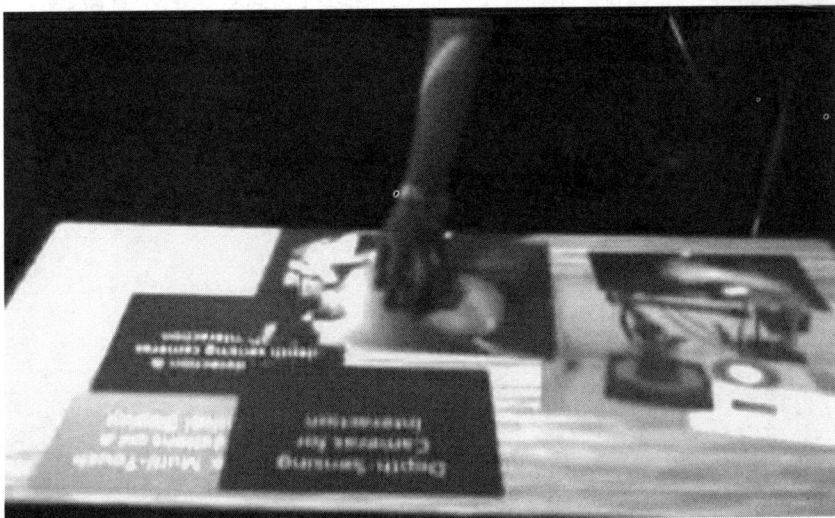

图 2.15　用户在真实桌子上使用光空间技术与虚拟文本进行交互

独创方式对它进行实验。Kinect 爱好者近来有一个开发项目,是研发一种可以让任意表面作为计算接口的增强现实型平台。利用这种"深度摄像机"技术,摄像机能够检测真实物体与表面之间的距离。这种技术可能会更加普及,基于表层法的增强现实也将会以一些非常有趣的方式继续发展。

　　基于表层法的增强现实的另一个例子是增强现实地板。增强现实地板使用精确标定过振动特性的特殊瓷砖构成,这些瓷砖能够模仿鹅卵石、沙滩、积雪、草地和其他各种各样的表面,如图 2.16 所示。地板上的传感器检测人脚底的力量,然后

图 2.16　增强现实地板

调整金属板的响应,当以恰当频率振动时,能够提供不同材质的仿真感觉。平台里的扬声器加入适当的声音,能够进一步完善幻觉。从本质上看,地板是一个巨大的触敏屏幕。这种技术在游戏、培训和娱乐等领域无疑具有巨大潜力。住宅迟早能够装配这种地板,在室内产生人们想要的任意环境的感觉。

2.3 增强现实显示技术

通常有三种主要的增强现实显示技术:
(1) 移动手持式显示;
(2) 视频空间显示和空间增强现实;
(3) 可穿戴式显示。
本节先探讨上述三种增强现实显示技术,在随后的章节里将介绍增强现实的人机交互方法。

2.3.1 移动手持式显示

用户手里拿着智能手机,通过增强现实应用程序的实时取景器观看叠加显示的数字图像,这就是移动手持式显示器的工作情况。像苹果公司的 iPad 和摩托罗拉公司的 Xoom 这样的移动设备,以及市场上其他品牌的平板电脑,由于它们的形状因素和不断增加的功能,以及为了增强现实而使用比传统智能手机大很多的显示屏,因此它们日益流行,如图 2.17 所示。

2.3.2 视频空间显示和空间增强现实

手持增强现实标识物,通过网络摄像机在视频窗口或显示器上显示虚拟叠加图,这就是视频空间显示方式。美国贺曼公司通过视频空间显示方式,使用带有增强现实功能的贺卡。用户收到贺卡后,登录专门网站,并把贺卡放在网络摄像机前方。通过计算机显示器,用户可以看到从卡片中弹出带有生日问候或者其他信息的虚拟图像或视频。

玩具制造商使用视频空间显示技术给顾客展示他们的商品。乐高公司制造了"乐高数字自助服务机",这个系统能够把自助服务机本身作为增强现实标识物,创建全部玩具套件组装后的虚拟显示,如图 2.18 所示。它能够让顾客预先看到他们购买玩具的外形,无疑是一种了不起的促销方式。

空间增强现实显示是使用视频投影仪、全息摄影技术和其他技术,直接把数字信息显示在真实物体上,不需要用户搬运显示器,如图 2.19 所示。大多数增强现实系统的规模小,只适合于个人使用,而空间增强现实系统则不同,它能够把增强现实的诸多功能与周围环境结合起来,不仅仅局限于单个用户,所以它用途广泛。

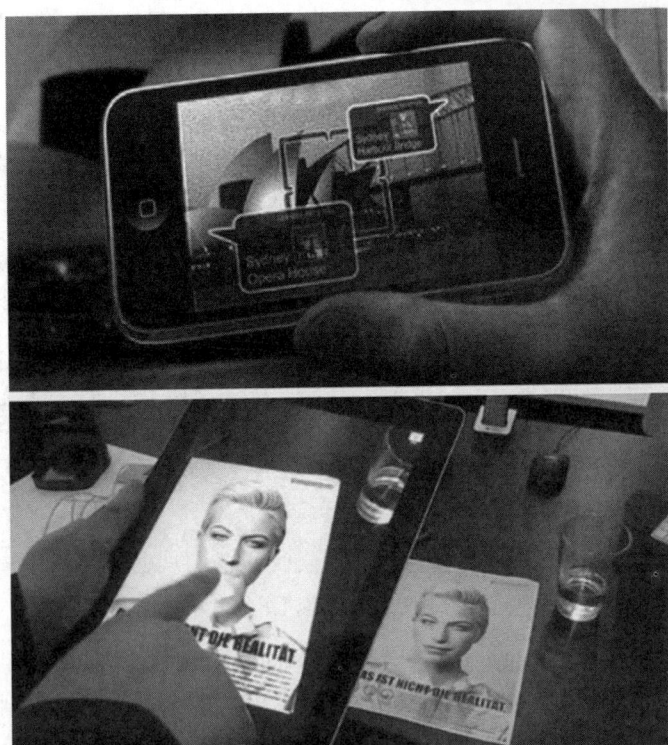

图 2.17　苹果公司的 iPhone 手机和 iPad 2 平板电脑上的增强现实

图 2.18　乐高数字自助服务机

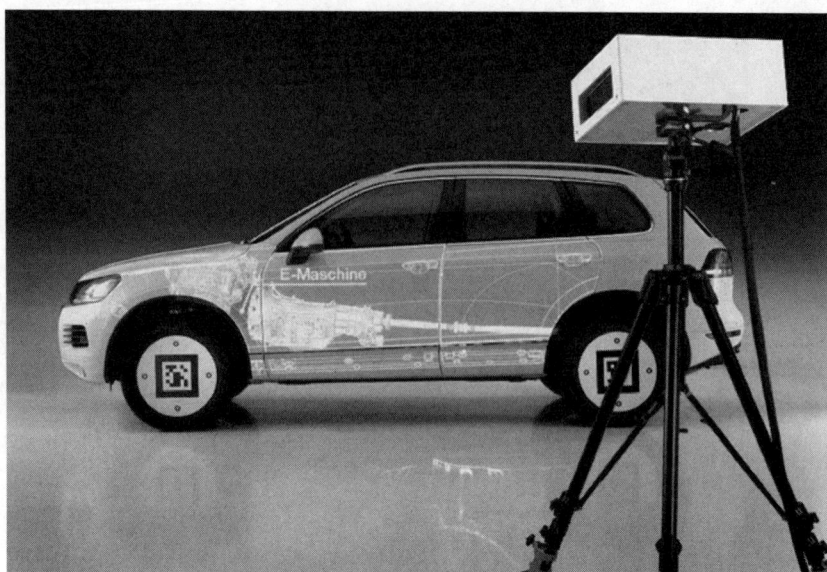

图 2.19　空间增强现实用于观察汽车的发动机和传动装置

这项技术适用于大学或者博物馆环境里,能够同时为一大群人提供增强现实信息。空间增强现实也有可能成为控制面板设计的实用工具。它可以把控制面板的组件投影到实体模型上,让设计者和工程师能够快速地对他们的设计做出更灵活的判断。更进一步,这项技术也有可能用于设计与空间增强现实操作的可交互工具,可以在不必安装昂贵的实物组件的情况下,建立一个全功能原型。

　　空间增强现实的另一个用途是数字绘画或者喷涂。与使用空间增强现实设计控制面板相似,喷涂功能可以把设计的虚拟作品投影到真实墙壁上,让设计者试验各种不同的颜色和样式,并且能够提供最终作品的逼真的预览效果,如图 2.20所示。

图 2.20　画家做数字墙画

2.3.3 可穿戴式显示

可穿戴式显示器是一种可以戴在用户头上的类似眼镜或风镜的头盔显示器，如图 2.21 所示。可穿戴式显示器有时也称为视频眼镜、视频风镜或个人媒体浏览器。典型的可穿戴式显示器包括一个或两个把镜头和半透明镜内嵌在头盔或眼镜里的小型化视频显示器。随着微电子技术的不断发展，人们开始研究与头盔显示器尤其是协作可视化和增强现实应用有关的很多令人兴奋的新技术。今天，头盔显示器用途广泛，包括从飞行仿真到工程设计以及教育和训练等多个应用领域。

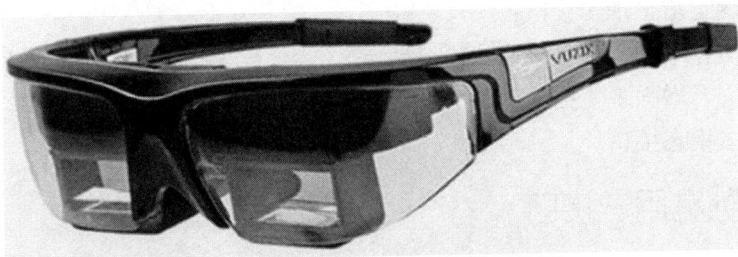

图 2.21 Vuzix 增强现实眼镜

视频眼镜是一种由个人使用的大显示屏构成的头盔显示器，它可以让用户以更加自然的方式体验增强现实，并且能够为用户提供更大的视场。视频眼镜在 20 世纪 90 年代末已经流行，不幸的是，其性能经常滞后于用户期望，但是这种情况正在快速改变，在其价格不断下降的同时，其性能不断提升。Vuzix 公司是一家生产增强现实眼镜的公司。目前，移动电话作为人们技术基础的永久组成部分，承载着每年以几个数量级增加的在线内容。在线内容的质量、容量与价格相互作用，为可穿戴式显示器创造了巨大的市场，同时也给它带来了丰富的内涵，如图 2.22 所示。

图 2.22 视频眼镜

如果不考虑头盔显示器的一些缺点，那么这项技术可以提供一定程度的多功能性,应用领域非常广泛。头盔显示器技术可以用于创建增强虚拟环境,这是计算机支持的鲁棒的工作空间,能够给远程用户更强、更真实的"身在该处"的感觉。

2.4　增强现实应用中的人机交互

　　大多数增强现实的人机交互直观地发生在个人层面上,至少今天是这样。不论是用网络摄像机还是用智能手机去访问增强现实内容,最常用的人机交互方法就是用户每次查看数据。本节将介绍其他几种人机交互方法:

　　(1)触觉增强现实接口;
　　(2)协作式增强现实接口;
　　(3)混合增强现实接口;
　　(4)多模态接口。

2.4.1　触觉用户接口

　　触觉用户接口,英文名称缩写为 TUI,是一种通过给数字信息提供身体感觉来进一步实现虚实融合的方法。增强现实提供了增强的世界视图,当它与适当的触觉反馈结合时,可以提供一个有力平台,这个平台利用触觉用户接口来增强用户与虚拟数据交互的身体感觉,把增强现实提高到一个新的水平。

　　魔幻视觉实验室创建的视觉—触觉接口就是这样一个例子。图 2.23 显示了一台称为"幻影"的设备,这台设备可以让多个用户看到并触碰在时空中处于同一位置的虚拟物体,并且能够使用它的力反馈笔在虚拟物体上绘画。在图 2.24 中,用户一只手把持着固定有一个数字碗的真实支架,另一只手拿着一支幻影笔。这套组合设备可以让用户感觉好像是在真实碗上绘画,尽管事实上这个碗是虚拟的。力反馈设备并不是创建实用的触觉用户接口的唯一工具。

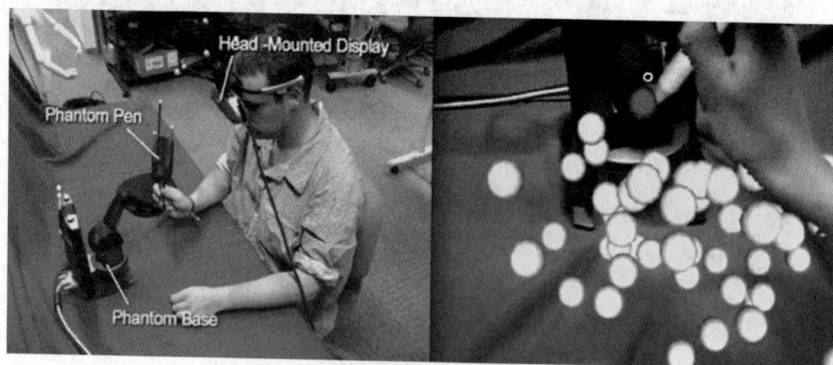

图 2.23　幻影设备的可视化触觉接口

　　Media X'tal 公司,即 Media Crystal 公司,通过对已有附加信息的真实物体进行

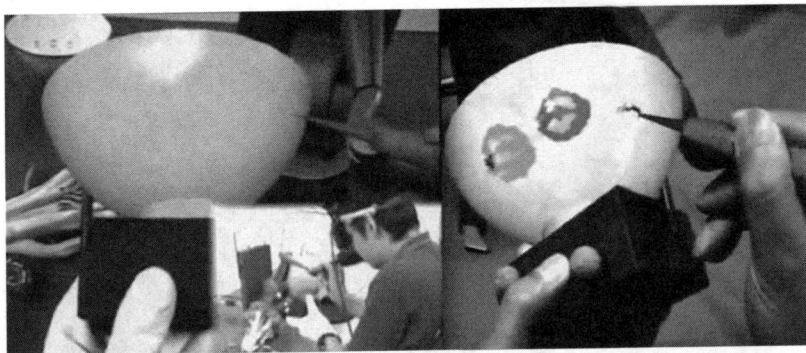

图 2.24　可以在虚拟碗上绘画的幻影笔

增强，实现了一种触觉用户接口。例如，该公司使用一个硬塑料球作为普通道具，然后把人头骨影像投影到塑料球上，并且投影仪能够与塑料球在任意轴线上一起转动，可以同时为用户提供实体信息和视觉信息，如图 2.25 所示。这种触觉用户接口方法适用于很多形体，例如立方体、球体或圆柱体以及满足应用需求的任何形体。

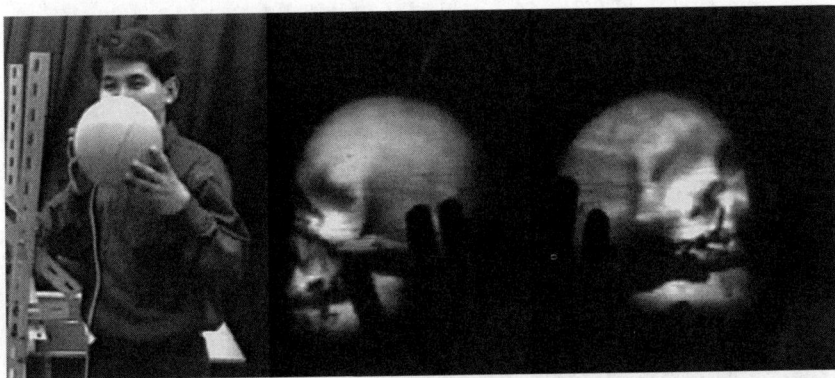

图 2.25　Media X'tal 公司的触觉用户接口

2.4.2　协作式增强现实接口

协作式增强现实接口使用多显示器来支持远程共享与交互或者同地协作活动。Studierstube 增强现实系统是这种协作类型的典型例子。Studierstube 系统的设计思想是使用协作式增强现实创建一种多用户人机交互接口，这种接口能够为多用户接口空间搭建桥梁。多用户接口空间包括多个用户、环境、地点，以及应用软件、三维窗口、主机、显示平台和操作系统。

这种协作式增强现实接口能够与多种应用软件集成，包括执行诊断和外科手术的医学应用软件、设备设计或例行维修应用软件，如图 2.26 所示。

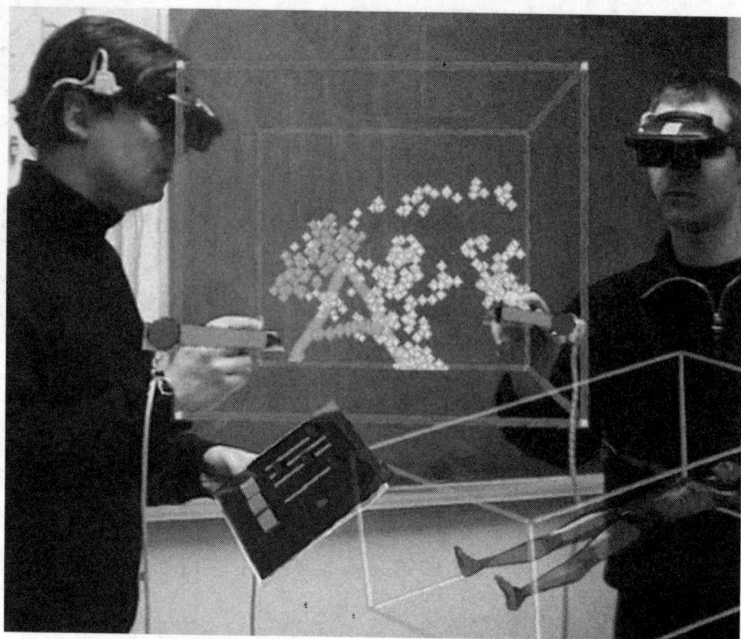

图 2.26　Studierstube 协作式增强现实接口

2.4.3　混合增强现实接口

混合增强现实接口组合了许多种类不同但功能互补的接口,用户可以通过多种方式与增强现实内容进行交互。混合增强现实接口的目的是为日常交互提供一个灵活的平台,使用这个平台进行交互时,事先并不知道将要使用何种类型的交互设备。在图 2.27 中,一名工程师正在与直升机数字模型进行交互,他把 iPad 平板电脑作为标识物和控制平面,使用头盔显示器观察场景。

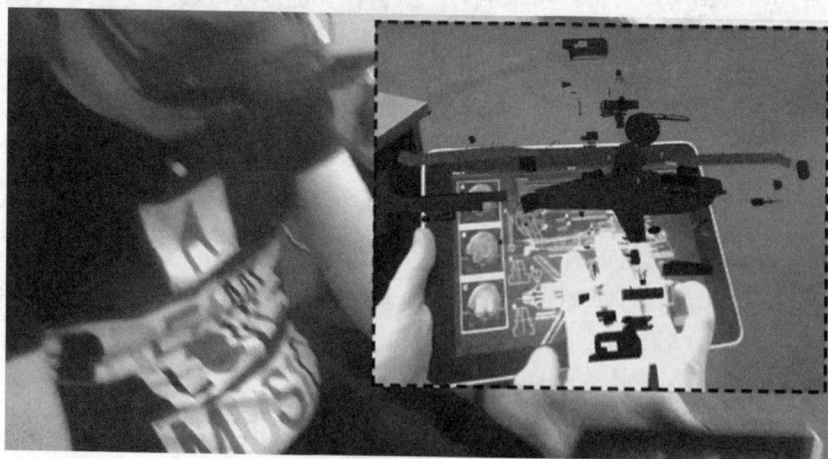

图 2.27　混合增强现实接口

2.4.4　多模态增强现实接口

多模态定义为与系统交互的多种方法的组合。多模态增强现实接口通过语言和行为的自然存在形式与真实物体进行交互，如讲话、触碰、自然手势或者凝视。麻省理工学院的第六感系统是多模态增强现实接口的一个案例，它又称为"可穿戴的手势接口"。第六感系统可以让用户通过手势、手臂运动甚至眨眼睛等动作，与投影到地面、墙壁和其他实体对象上的信息进行交互，如图 2.28 所示。多模态接口的目的是让用户灵活地组合多种模态，或者根据任务需要或个人喜好从一种输入模式切换到另一种输入模式。

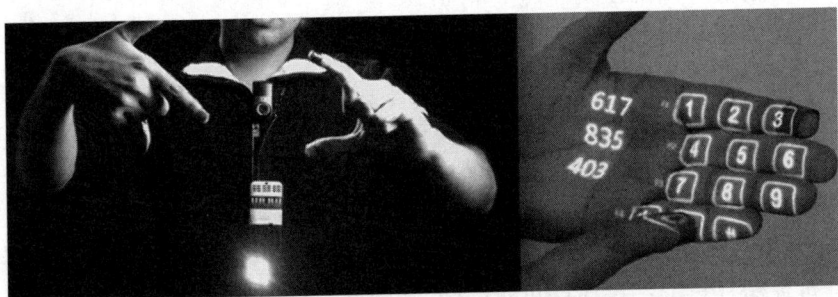

图 2.28　麻省理工学院的第六感多模态增强现实接口

2.5　本章小结

本章介绍了增强现实的工作方式，进一步讨论了增强现实的组件以及增强现实的创建过程，研究了增强现实的四种主流方法。本章还回顾了不同类型的增强现实显示技术，以及增强现实应用中的人机交互方法。下一章将介绍增强现实的各种用途，以及潜在的应用领域。

第 3 章
增强现实的价值

本章介绍如下内容：
(1) 下一代用户界面；
(2) 超前的计算机界面；
(3) 增强现实用途。

3.1 下一代用户界面

在过去 40 年里，计算机界面获得了很大发展。早期的计算机由于设计缺乏人性化，强迫用户使用汇编语言、二进制磁带和打孔卡等方式与之交互，因此用户觉得计算机神秘且陌生。随着时间的推移，监视器和屏幕能够让用户实时地浏览命令行，直到今天也是如此。增强现实有潜力让人们看到信息，正是这种能力使其在今天尤其是未来具有不可思议的潜在价值。

3.1.1 第一维：命令行界面

第一种屏幕界面是命令行界面，英文名称缩写为 CLI。命令行界面本质上是一维计算界面，按照从左到右的顺序输入命令，如图 3.1 所示。当然，通过下移一行，它也有可能工作在二维界面里，但是基于事物前后发展关系的考虑，业界一致认为命令行界面是一维界面。

3.1.2 第二维：图形用户界面

下一种界面是图形用户界面，英文名称缩写为 GUI。图形用户界面是桌面比拟的数字化表现形式。与时间的非数字化工作平台相似，桌面比拟被概念化并得以建立，使得计算机对用户更加友好，使用情况类似于大多数现代计算机和一些操作系统，如 Windows、Mac OS 和 Linux 等。第一台普及桌面比拟而非早期命令行界面的计算机是 1984 年苹果公司的 Macintosh 计算机，这种桌面比拟在现代个人计算机上仍然普遍存在，如图 3.2 所示。

3.1.3 第三维：增强现实

在 21 世纪的第二个十年里，计算技术继续发展，将会变得更加便携、更加强

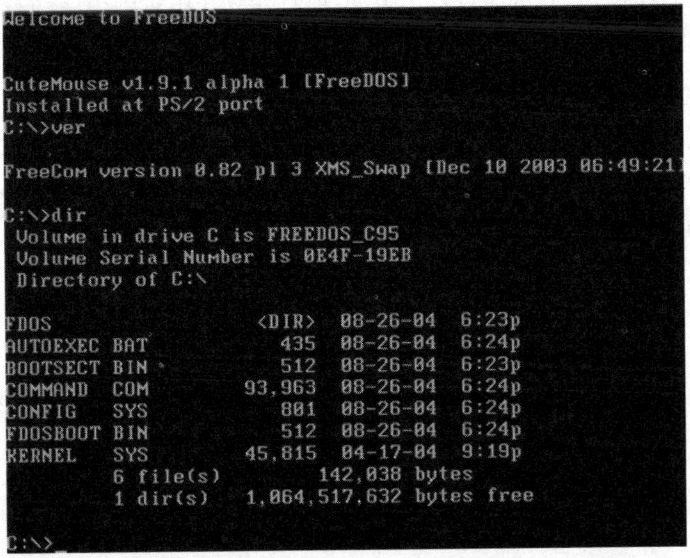

图 3.1　典型的命令行界面

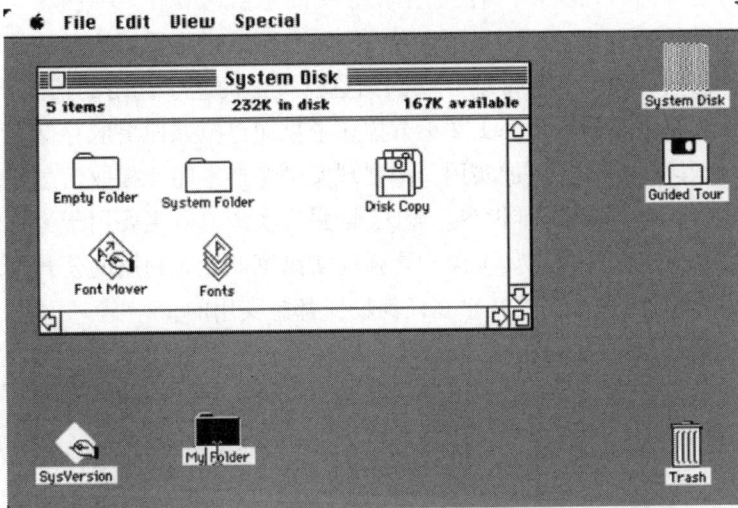

图 3.2　苹果公司早期的 Macintosh 计算机的图形用户界面

大。在 2011 年末,全世界范围内移动电话的使用量已经达到 59 亿个用户,占当前世界人口总数的 87%,并且没有减缓的迹象。现在有可能通过使用像 RFID 芯片和 GPS 这样便宜的传感器,为日常物体增加"智能",然后与强大的搜索引擎相结合,可以让用户在互联网上浏览数字信息和真实物体。这种结合正把现有的互联网改变成物联网,对于这种新出现的物联网而言,增强现实作为一种逻辑接口,能够把真实世界当做一种桌面背景,同时创建可随用户运动的数字信息。

增强现实不会立刻取代旧接口,目前仍在使用的每一种计算机接口都有存在的价值,尽管有时候它们可能具有局限性,但是在其适用范围内,它们是完美的、勿需替代的。当作者撰写此书时,曾试想过使用增强现实完成本书写作会面临怎样的困难。作者发现使用增强现实写作是非常麻烦的事情,而使用键盘打字、用鼠标操作更舒适、更有效。ViaVoice Gold 是一个好例子。ViaVoice 是一款流行软件,能够把语音转换成文本,并把用户的表述打印输出到计算机屏幕上。这款软件虽然功能强大,但是需要花费大量的时间和精力学习软件用法才能有效使用它。对于不熟悉这款软件用法的用户而言,这款软件只不过比键盘输入略微简单。尽管增强现实越来越普及,但是命令行和图形用户界面仍有一席之地,因为它们在完成特定任务时仍然具有实用性。

下一节将扩展视野,讨论一些其他类型的超前的计算机界面,以及它们的发展将会对增强现实技术的发展和应用产生怎样的影响。

3.1.4 无尽的搜索需求:移动浏览

移动浏览器或增强现实浏览器是一种可视化搜索引擎,当用户把他们的移动设备指向特定方向时,能够看到他们正在寻找的东西,如图 3.3 ~ 图 3.5 所示。这种样式变化开始于 2001 年的 RWWW 浏览器,这个浏览器最初的目的是功能集成而非拆分。因为它们提供与传统互联网浏览器类似的基于网络的信息访问,所以它们仍被认为是浏览器。第 3.1.2 小节描述了桌面比拟如何提取存储在计算机上的信息,并使其更加熟悉、更加实用。增强现实浏览器也能够提取信息并对其再加工,然后把它输入真实的三维世界。今天,增强现实浏览器主要用于为物体和环境提供公有或私有的注释信息。考虑到增强现实浏览器能够利用的公开可用的数据库的数量,不难看出这个工具几乎在任何场所都是实用的。

图 3.3　Wikitude 增强现实浏览器

图 3.4 Layar 增强现实浏览器

图 3.5 Junaio 增强现实浏览器

3.1.5 超前计算机界面

当计算机继续变得更加强大和程序设计更加灵活时,多种在 20 年前被认为是科幻的新颖的高级计算界面就会成为现实。在过去 5 年里,电子纸和触摸计算这两种新颖的计算机界面已经真正地来到应用的最前沿。电子纸和电子墨水技术已经快速流行起来,Kindle 与 Nook 电子阅读器的普及使得它们更受欢迎,电子书销售额逐年增加,如图 3.6 所示。在 2011 年,电子书销售额第一次超过纸质图书销售额,这清楚地表明,从技术展望角度看,电子书现在可以作为永久不动产保存了。另一种新颖的计算机界面是触摸计算。在 2007 年,苹果公司推出了 iPhone 手机,微软公司发布了表层桌面计算,这两者都具有多点触控和多用户体验功能,如图 3.7 所示。苹果公司由于触摸计算的流行而获得利润,在几年后推出了 iPad 平板电脑,根据 Bernstein 研究所的调查报告,iPad 平板电脑是 2010 年度销售速度最快的设备。另外,基于姿态识别的人机界面正变得越来越普及,例如 Wii 和它的具有革命性的控制器系统,以及最近出现的 Kinect。

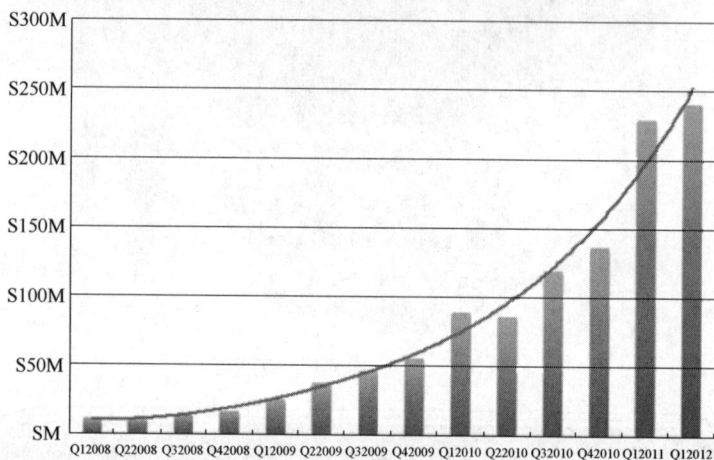

图 3.6　电子书销售额

图 3.7　微软公司的表层桌面系统

在未来,随着触摸、手势和语音识别技术的不断提高,将会使这些方法成为人们与数字设备通信的标准。以这个动力作为基础,使用现有的与 RFID 芯片一样便宜的传感器技术,可以把这些界面集成到人们日常生活的每一个领域。随着多种传感器技术的集成,可以实现任意物体智能化,并且能够促进物联网继续发展。

虽然以界面发展作为主题可以单独写一本书,但是这种趋势显示出增强现实只是诸多先进界面之一,计算机用户很快就能够使用它。

3.1.6　少数派报告和中间层

描述增强现实时,最常使用的案例之一是 2002 年电影《少数派报告》中 Tom Cruise 使用的图标界面。在这部电影公映的时候,大尺寸的手势屏幕还是一个启发灵感的貌似真实的计算机的未来景象。有趣的是,电影中的图标界面是真实存在的,它称为中间层,是由 Oblong 工业公司研发的,如图 3.8 所示。

图 3.8　电影《少数派报告》中的操作界面和中间层

把中间层设计成会议室或者其他大型集会区域里的空间操作环境,其目的是为了把房间里的人们聚集在一起,使用能够想象出的最协作的方式合成信息。在很多方面,它与商业用途的 Wii 非常相似,两者的功能相近,但它的中间层更精确,功能更多。Oblong 工业公司设计中间层的目的是为了改变人们的协作方式。

3.1.7　增强现实 LEAP 体感控制器

LEAP 体感控制器是一种基于手势的新型人机接口,广告上宣传它比 Kinect 价格更便宜、体积更小、功能更强、精度更高。LEAP 体感控制器通过标准 USB 接口插在计算机上,使用时不需要数据手套或特殊设备,它能够辨别手指运动,跟踪定位精度达到 1/100mm,如图 3.9 所示。用户必须举着设备才能看到增强的图像,这是增强现实在智能手机和平板电脑上受到的最大非难之一,而 LEAP 体感控制器把这个非难作为自己的研发目标。

图 3.9 LEAP 体感控制器及其应用

　　LEAP 体感控制器可以与增强眼镜配合使用,例如在眼镜上安装一台 LEAP 体
感控制器,就能够以免提方式通过平视显示器看到增强的图像,用户不再需要手持
平板电脑或智能手机与增强现实显示器进行交互。LEAP 体感控制器希望通过手
和手指运动实现界面操作,克服当前的技术障碍。

3.2　增强现实用途

　　增强现实的用途非常广泛。在后续章节里,将从以下五个方面介绍增强现实
的用途:
　　(1) 体育、游戏和娱乐;
　　(2) 教育和维护;
　　(3) 医学;
　　(4) 商业;
　　(5) 公共服务、执法和军事。
　　本章的后续章节将集中讨论前四个方面,第 4 章会专门介绍增强现实在公共
服务、执法和军事方面的应用。

3.3　体育、游戏和娱乐

　　增强现实对娱乐业有很大影响。什么是娱乐？娱乐的最基本的定义是一种兴
奋,它能够使人心情愉快,摆脱乏味的生活。它实质上是现实生活的插曲,能够为
体验它的人提供欢乐。娱乐有多种不同的形式,例如游戏、美术、文艺、电影和音乐
等。增强现实能够把各种娱乐转变成当今最前沿的体验。

3.3.1　体育

增强现实经常用于体育比赛的电视转播中。在美国橄榄球比赛电视转播中看到的黄色第一次进攻线,显示出进攻方必须跨过该线才能获得第一次进攻权。橄榄球场地和运动员是真实存在的,而黄线是虚拟的,通过增强现实技术实时地把虚拟黄线融入真实场景中。同样,在冰上曲棍球比赛中,用增强现实技术着色的拖尾显示出冰球的位置和运动方向。使用增强现实技术,可以在橄榄球场和板球投掷场地的一些地段显示赞助商的广告图像。游泳比赛的电视转播中经常在水道之间加上线条,用于显示在比赛进行中当前记录保持者的位置,可以让电视观众把当前比赛与最好记录进行比较,如图 3.10 所示。

图 3.10　在奥林匹克游泳竞赛中使用增强现实

增强现实在体育中应用的另一个例子是在第 46 届美国职业橄榄球总决赛结束后,球迷们庆祝纽约巨人队赢得超级碗胜利时的增强现实应用。当时,这些球迷们创建并分享了他们戴着巨人队超级碗指环或者与冠军奖杯合影的图像,如图 3.11 所示。体育赌博也可以使用增强现实技术,例如 Betfair 公司正在开发一款能够让狂热者通过电话投放赌注的移动增强现实应用软件,如图 3.12 所示。

3.3.2　游戏

游戏产业是一个拥有几十亿美元并且逐年增长的全球性行业。如果一项新技术出现并被采用,那么它很快就会被游戏产业利用,增强现实也不例外。索尼公司新推出的移动游戏平台 PS Vita 就是最新案例之一。PS Vita 是一款移动社交网络游戏平台,并且设备具有增强现实功能,无论玩家身在何处,他们都能够开始玩游戏,使用当前的环境来获得更具有沉浸感的游戏体验,如图 3.13 和图 3.14 所示。

图 3.11　增强现实超级碗奖杯和指环

图 3.12　Betfair 增强现实应用

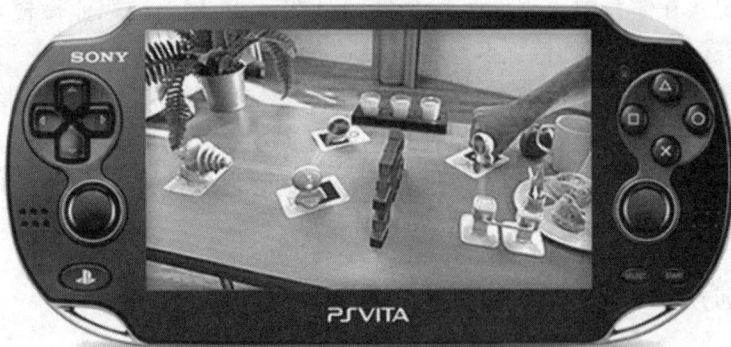

图 3.13　PS Vita 控制面板

3.3.2.1　增强现实和位置信息

SimpleGeo 公司研发了能够感知位置的应用软件。这家公司发布了一个软件

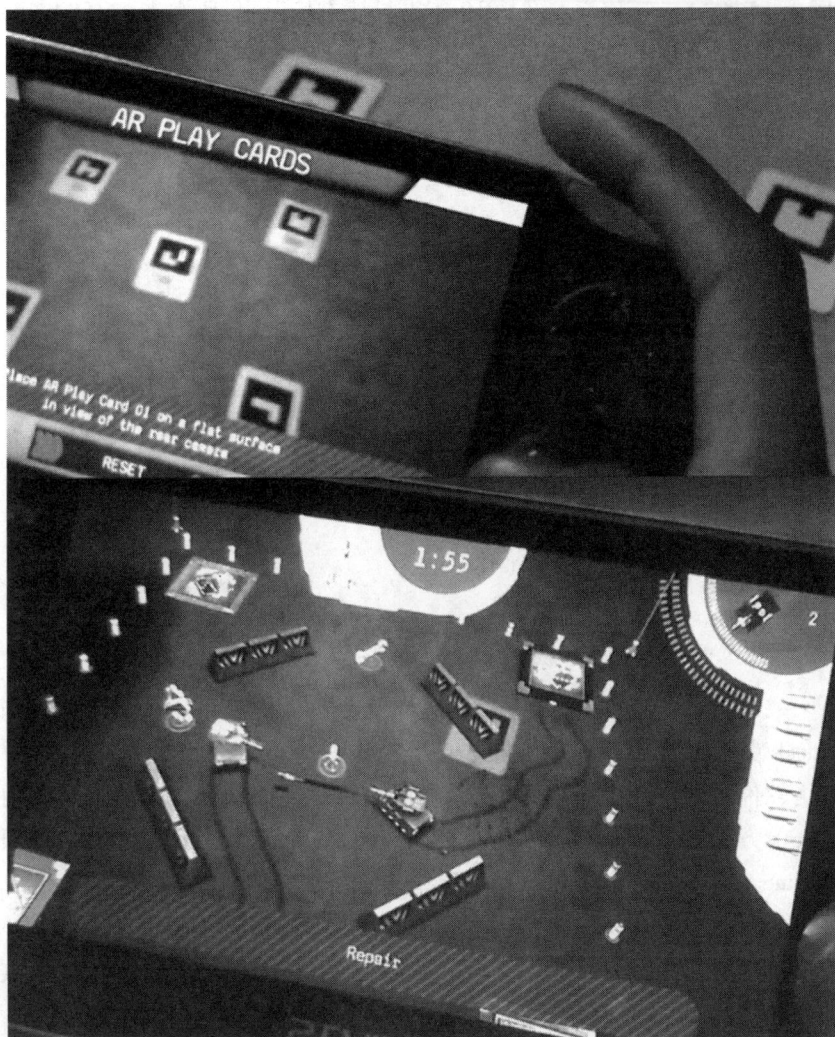

图 3.14 PS Vita 增强现实坦克游戏

开发包,可以让软件开发者进行二次开发,把增强现实要素加到他们自己的应用软件中。这种应用有潜力彻底改变游戏世界,因为它能够感知用户离开沙发,走出房间来到户外。现在,一些新成立的游戏公司为了改变游戏可玩性体验,正在使用这个软件开发包为它们自己的游戏增加天气数据、人口统计信息、人口密度和人口普查数据。

3.3.2.2 增强现实和 Kinect

Kinect 是微软公司开发的具有运动感知功能且无需控制器的游戏输入设备,可以对人体运动和语音命令做出响应。使用 Kinect 的用户可以成为游戏的控制者,如图 3.15 所示。自 Kinect 在 2010 年末投放市场以来,研究者和开发者们花费了大量时间对它进行实验并编写程序。

图 3.15　使用中的 Kinect

　　Kinect 使用红外传感器对它前方的物体发射不可见光,物体把光反射回 Kinect,由软件对结果进行译码,测定那些物体的距离信息和运动信息。当用户站在 Kinect 前方时,它的红外传感器会扫描用户的躯干、胳膊和腿的运动。这项技术对测量 Kinect 视场内的人体的运动和距离非常精确。

　　因为 Kinect 内嵌有视频摄像机,所以它对增强现实开发很有用。一台 Kinect 设备装有两台独立的数字摄像机,用于处理视觉信息并把视觉数据转换成数字信息。来自这两台摄像机的视频流的组合,构成一种三维视觉,可以判断 Kinect 视场中运动的物体,并且能够测定运动的人体与 Kinect 之间的距离,还能够给出设备自身的深度感知信息。

　　嵌入 Kinect 设备的算法可以让设备使用这两个视频流来创建人体骨骼节点数据,并把此数据从控制器传送给需要使用它的应用程序。然后,应用程序通过在显示器上显示二维或者三维物体,来达到增强玩家环境的目的。人们已经开始使用 Kinect 和增强现实做实验了。图 3.16 显示了两名增强现实爱好者创建的大头娃娃的效果。

3.3.2.3　全息摄影和三维视频会议

　　全息摄影和三维视频会议是另一个特别引人注目的增强现实应用领域。电影《星际迷航:下一代》的爱好者一定会记得"全息平台"。全息平台是一个虚拟现实

图 3.16 使用 Kinect 创建大头娃娃效果

模拟器,企业号的全体机务人员使用它进行娱乐和训练。使用时,人们进入全息平台的模拟器中,可以看到一个虚实融合的世界,并能够与之交互。这个虚实融合的世界能够让使用者产生幻觉,让他们觉得周围所有的一切都是真实存在的。由栩栩如生的全息图可以创建模拟人,人们能够与之交谈,甚至进行姿态交互。也许现在的人们无法想象在不久的将来使用全息平台会是怎样一种情形,但是全息图交互的技术基础正在与增强现实一起成为主流技术。

Zugara 公司是在这条路上迈出第一步的公司。目前,这家公司正在开发一种把增强现实与视频会议直播相结合的增强现实流程序,其目的是为了实现实时交互通信。例如,旅行中的父母可以与他们的孩子进行交互,并能够实时地与他们玩互动游戏;分散于世界各地的医生们能够聚在一起复查医学扫描图;学生们能够按照自己的学习进度,与精细的三维模型进行交互,有助于理解教师的讲义,如图 3.17 所示。

其他研究者和爱好者也对 Kinect 进行了改造,利用其红外探测技术创建人或物的三维视频记录。据报道,Kinect 对于远在 2m 左右的物体而言,X 和 Y 空间维上的测量精度是 3mm,Z 空间维上的测量精度是 1cm。研究者们已经找到改造 Kinect 的方法,所以现在使用它不但可以扫描视场内的物体,而且可以用视频文件的形式记录下物体的三维特征。当开始全面地介绍增强现实时,这一点具有巨大的启示作用。

一旦记录完毕,这些三维视频能够与增强现实标识物相关联,产生全息图效果。当增强现实眼镜或者隐形眼镜最终成为主流时,人们会看到使用增强现实全息图的更为惊人的案例。人们与全息图进行交互,迟早会获得触感。今天,研究者

图 3.17　Zugara 公司的增强现实人机交互界面

们正在继续工作,试图利用声波来模拟触感。对全息图和增强现实进行的实验已经取得了一些令人感兴趣的发现,在随后的几年里,有可能会看到一些大的飞跃。

3.3.3　增强现实和虚拟世界

在数字革命和电子游戏出现之前的那个时代,孩子们到户外玩警察与小偷的游戏,而现在的孩子们在网上碰面,玩光晕或者使命召唤等游戏。在网络化电子游戏流行之后不久,虚拟世界出现并成为新一代媒介。由 2009 年的统计数字可知,在年龄超过 25 岁的 8 亿虚拟世界用户中,有近 5% 的年青人沉溺于其中。2009 年,总计13.8 亿美元投资在全球 87 家与虚拟货物相关的公司,比 2008 年的 4 亿 8 百万美元的投资额暴涨了 300% 多。在 2009 年年末,虚拟世界的注册账户总数达到 8 亿 3 百万,第二人生虚拟世界的经济总量在 2009 年达到 5 亿 6 千 7 百万美元,与 2008 年相比,增长了 65%。虚拟货物包括从房地产到一瓶香槟酒,并且仅限于在美国国内进行交易,计划到 2015 年将达到 50 亿美元。这个趋势预示了真实世界与虚拟世界混合交易的利润空间很大。近期对熊宝宝工作坊发布的数据进行调查后发现,每三名光顾过虚拟世界商铺的顾客中,就有一名顾客也光顾过真实的熊宝宝工作坊商铺。

虚拟技术和用户与 IT 设备之间的智能交互,能够提供做事情的新方式,同时创造新的商机。从 2003 年开始,已经有超过 1400 家企业、政府组织和行政机构使用第二人生游戏进行会议、从事培训和新技术试验。而且,游戏服务器提供了与地球大小相同的虚拟世界的所有数据,甚至包括树叶和草片的细节信息,这意味着目前可以在线获取的三维数据信息量超过了一个自然人用一生时间探索得到的信息量。

基于这条信息,以及虚拟世界已经明显呈现出的发展势头,不难想象用户经常使用增强现实进行虚实融合的情景,如图 3.18 所示。增强现实具有足够高的分辨率,并能为用户提供无缝连接的感觉,尽管虚拟物体仅仅是数字化身而已,但它迟早会让用户体验到虚拟世界的真实感。

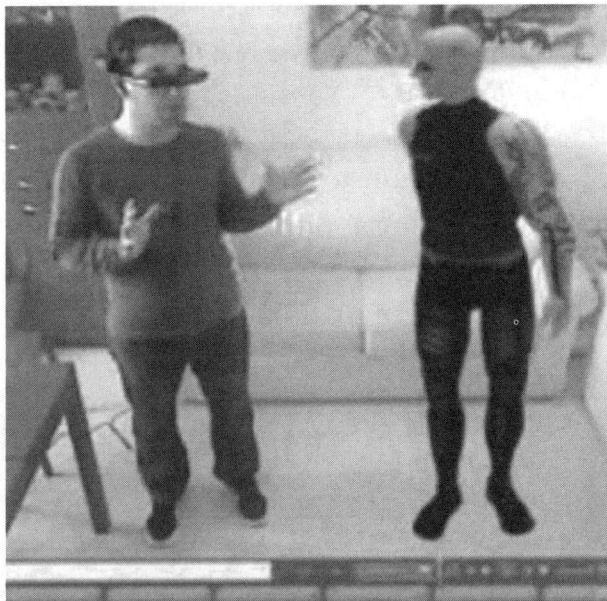

图 3.18　增强现实与第二人生游戏结合

增强现实 Facade 系统是由佐治亚理工学院开发的实验系统,与第二人生游戏类似,当参与者在真实房间里自由走动时,可以让他与虚拟的已婚夫妇进行交互。通过头盔显示器,参与者可以看到与自然人大小相同的虚拟夫妇的数字化身,而且可以使用自然语言和手势与虚拟夫妇进行交谈,如图 3.19 所示。

图 3.19　用户与增强现实 Facade 系统交互时通过头盔显示器看到的虚拟化身

环境临场是另一种虚实融合技术,它是通过在松散连接空间之间建立遥现连接实现虚实融合的。这些连接可以叠加显示多个真实场景和虚拟场景,并为它们赋予真实特征或者虚拟特征。案例之一是虚拟镜子人机界面。这种想法背后的动机是为三维化身可视化提供一种可供选择的间接的解决方案,而不是只依赖头盔显示器。这种原型可以把虚拟化身添加到被观察者作为镜面反射感知到的位置,为观察者提供一种真实生活空间中存在一个虚拟人的错觉,如图3.20所示。虚拟镜子系统包括一台或者多台安装在墙壁上的监视器,由于监视器装有小型摄像机,因此它们之间也会相互成像,使得镜子数目加倍。每一台监视器都能显示出室内情况,虚拟化身也会渲染进场景中观察者所在的位置,而且是以室内真实人通过镜子观察到的部分映像的形式加进来。换句话说,观察者不会在视野里直接看到这些虚拟室友或访问者,只能够通过镜子看到他们的映像。

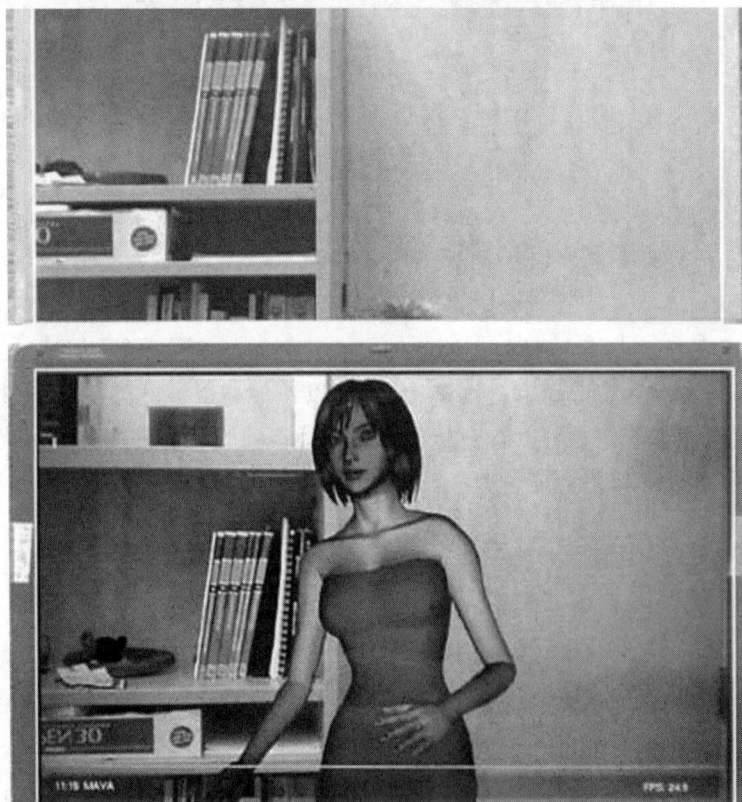

图3.20　虚镜案例:上图是房间图像;下图是加入虚拟化身后同一房间的图像

因为镜子已经被人们使用了许多个世纪,属于很常见的物品,所以这种遥现方法具有一些大的优势。与目前最先进的头盔显示器相比,这种显示器很隐蔽,不显眼。另外,这种系统容易配置,可以简单地通过把虚拟镜子移动到用户选择的房间来实现系统的再配置。

HyperMirror 系统与虚拟镜子系统类似,但它属于视频交谈系统,它并不打算模拟面对面交流,而是要让来自不同场所的各种各样的用户感觉好像他们同处一室,如图 3.21 所示。在图 3.21 中,左边的妇女是这间房间里唯一真实存在的人,而右边的妇女则身处另外一个场所。

图 3.21　HyperMirror 界面

由于真实世界与虚拟世界的界限不断模糊,因此人们以后很有可能要在虚拟环境中生活,或者有时候生活于虚拟环境中。随着增强现实系统的小型化,以及跟踪技术和头盔显示设备的不断进步,人们将能够进入别人的虚拟环境中,反之亦然,这就意味着三维虚拟化身将会在真实世界中行走和交互。

3.3.4　增强现实和社交网络

在 1971 年,第一封电子邮件传送成功,尽管是在两台紧挨着的计算机之间进行的传送,但是这意味着数字社交网络诞生了。从这个微小的成功开始,人们随后创建了公告牌系统,可以让人们相互之间通过电话线交换数据。后来,又出现了USENET(世界性的新闻组网络系统)、Geocities(地球村)、Friendster(交友网)、MySpace(聚友网)、Facebook(脸谱网)和 Twitter(推特网),这些呈现出了社交网络不断发展的历程。

1. 增强现实快闪族

2012 年 4 月 24 日,阿姆斯特丹的旅馆接待了世界上第一批增强现实快闪族。快闪族是指一群人突然聚集在一个指定地点,做出一些与众不同的动作或者艺术行为,然后迅速离去。就增强现实快闪族来说,那次在阿姆斯特丹的快闪族在指定地点现身,并且与数字人体塑像合影。当时,快闪族们的 iPhone 和 Android 手机里运行着合适的增强现实软件,可以在真实场景中叠加显示多种虚拟人物角色,例如达斯·维达和超人等,并且能够与这些虚拟人物合影,如图 3.22 所示。

图 3.22　增强现实快闪族

2. 移动社交网络

当社交网络从 20 世纪进入 21 世纪时,移动电话每年都有大的飞跃,并且日益复杂。社交网络平台是多种功能与特征相结合的技术汇聚体,远远超出了制造简单电话和移动电话所需的技术水平。移动社交网络利用了移动通信(包括语音、文本和多媒体信息服务)和当今大多数移动设备中固有的基于位置的服务功能。下一个维度包含了增强现实,如图 3.23 所示。

图 3.23　使用增强现实显示婚姻状况

　　案例之一是一种称为"身份增强"的增强现实应用,它是瑞典 TAT 公司的理念。利用移动设备,身份增强应用可以让用户发现周围人们的选定信息,如图 3.24所示。对于所有用户而言,它具有巨大潜力,用户通过选择想要显示给别人的内容和社交网络链接,就能够控制用户自己的增强信息。

图 3.24　身份增强的增强现实应用

3. 人脸识别

　　人脸识别是计算机从数字图像或者视频中识别特定人物的一种方法。对于增强现实程序而言,人脸只不过是特殊的标识物而已。目前人们正在深入研究人脸识别与增强现实相结合的潜在应用,这种结合无疑会给人脸识别产生一种强有力的新方法。例如,一些评论家争论脸谱网人物简介的利用情况,因为它能够很容易地建立一个规模巨大的识别数据库,用于检索并寻找社交网站参与者的相关信息。

　　Recognizr 是由瑞典 Polar Rose 公司开发的人脸识别程序,它把人脸特征测量与三维模型构建结合起来,能够用于检测人脸并产生特殊记号,如图 3.25 所示。这种人脸识别功能用途广泛,但并非十全十美。因为这个原因,Polar Rose 公司提供了完全意义上的选择性加入服务,用户必须上载他们本人的照片并使其与各个社交网络关联之后,其他人才能够使用这项服务来识别他们。

　　Viewdle 公司研发了社交像机产品。社交像机把增强现实、人脸识别与社交网络结合起来,使用 Viewdle 公司先进的人脸识别技术来识别照片上的人物,并给用户提供与之对应的标签,如图 3.26 所示。

图 3.25 Recognizr 程序

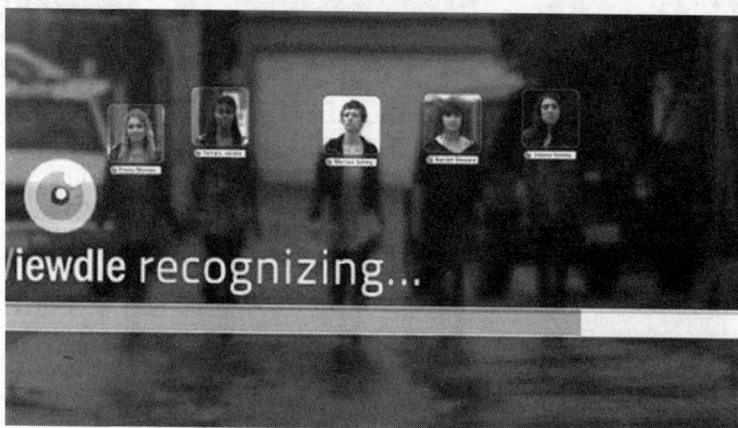

图 3.26 Viewdle 公司的社交像机界面

3.3.5 电影

在美国,电影产业每年有 100 亿美元的业务,信息技术现在是电影制作过程中必须的、不可分开的组成部分。由于增强现实技术,特别是增强现实眼镜,取得了很大进步,并且越来越普及,因此电影产业几乎注定要使用它们。

1. 增强现实电影

一些团体正在创作含有增强现实的虚拟现实游戏。2010 年,德国柏林的第 13 街通用频道推出了名为《证人》的虚拟现实游戏,如图 3.27 所示。这款游戏选用了柏林的很多地点,玩家们可以在城市里来回移动,就像是协调的寻宝游戏。玩家们从预先设定的起点出发,由增强现实引导他们去其余地点,并沿途讲述故事。

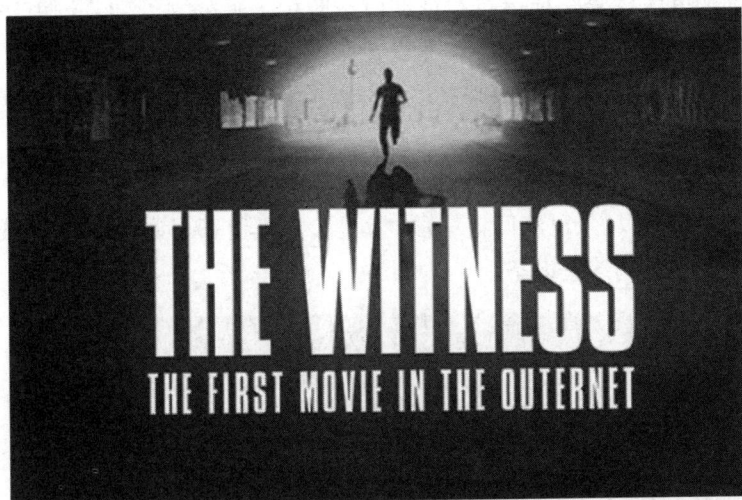

图 3.27　增强现实电影《证人》

一旦智能手机发现了标识物,就会播放一段视频,显示一名被俄罗斯暴徒绑架处于危险中的女子,如图 3.28 所示。这时候电影中的人物会给玩家提供一系列线索,玩家可以利用安装了增强现实应用软件的智能手机,追踪线索并调查人质失踪。围绕增强现实设计故事情节,实际上玩家成为电影的一部分,不再只是被动的观众,玩家具有影响结果的能力。如果玩家技术娴熟,就能够到达终点,解救被绑架的女子;如果玩家缺少技巧,就会被游戏中的诸多人物中的某个人欺骗。

图 3.28　玩家与电影《证人》中的人物进行交互

这个理念有一个非常有趣的副作用,即它也能够用于训练人们在现实生活环境中如何自我管理。侦探使用增强现实仿真游戏进行训练,这种游戏能够让其真正感受到从事调查的体验。根据增强现实电影被市场接受的方式,很容易想象一种全新类型的电影体验会远远超越现在电影院中上映的二维和三维电影。将来,观众们不但可以选择简单地观看二维或者三维电影,而且可以在增强现实环境中观看电影,使观众获得更多的身临其境的体验。

2. 虚拟场景

虚拟场景是把真实演员与虚拟背景相融合的一种实时、三维的数字化场景,如图 3.29 所示。这类场景已经问世一段时间了,并且留下了一些演播室,现在可以花费几百美元购买到这些设备。

图 3.29　普通的虚拟场景

麻省理工学院媒体实验室的 ALIVE 项目把这个理念进一步延伸,创建了一个智能室内环境,用户在其中可以与虚拟环境自由交互。他们甚至给该环境增加了可以对用户动作做出响应的智能虚拟生物。随着 Kinect 这样的设备的不断改进,在日常生活空间中创建智能室内环境会更加容易,大范围的增强现实交互的思想也会越来越普及。也许 10 年内人们能够戴上一副增强现实眼镜,行走在他们的后院里,看到逼真的恐龙并与之交互。

3.3.6　增强电视

想象一下,如果把观看像《证人》这样的增强现实电影的体验带入你的客厅,那将会是什么样的效果。有了增强电视,你就能够与故事情节进行交互,成为故事中的一个角色,并且能够控制故事的进展。在可交互的故事中,身临其境并非新事物,但是在增强现实程序和 Kinect 等设备的帮助下,一定能够产生一种新的娱乐体验,这种体验会模糊故事情节,而且还能产生电影特效,以及交互式的电子游戏。

MetaMirror 软件是由 Notion Design 公司研发的一款概念上的增强现实软件,它可以让用户交互式地观看电视。MetaMirror 软件适用于把电视直播与增强现实进行合成,如图 3.30 所示。例如,MetaMirror 软件能够告诉观众当前烹饪节目中菜肴的原料,或者告诉观众喜欢的橄榄球队运动衫的价格,还有其他更多的信息。

图 3.30　MetaMirror 软件

3.3.7　旅行

人们由于各种各样的原因而旅行,有的是为了看新地方,有的是为了体验新文化,有的是为了挑战自己,有的是为了玩耍,有的是上述诸多原因的综合。增强现实在未来的旅行中扮演了一个重要的角色,能够以令人兴奋和有效的方式扩展旅行者的体验。

1. 语言翻译

当你在一个不会讲其语言的国度旅行,特别是当新语言的拼写和发音都与你的母语不同时,可能会是一个使人非常气馁的经历。幸运的是,现在有了增强现实工具 Word Lens,它使用大多数智能手机中内嵌的视频摄像机,能够实时地把印刷文字从一种语言翻译成另一种语言,如图 3.31 所示。另外,这个工具翻译时不需要访问互联网,这一点非常好,在网络没有覆盖到的地方也适用。

2. 方向提示

旅行中经常会遇到不知道去哪里,也不知道如何回家的尴尬处境。如今,带有移动浏览器的智能手机能够帮助简化导游过程,可以让旅行者尽情享受旅行快乐而不必担心迷路或者找不到某些东西。旅馆、饭店、商店供货、地标、社交游戏的信

图 3.31　Word Lens 实时翻译

息,甚至包括菜单翻译,这些都是唾手可得的信息,如图 3.32 所示。

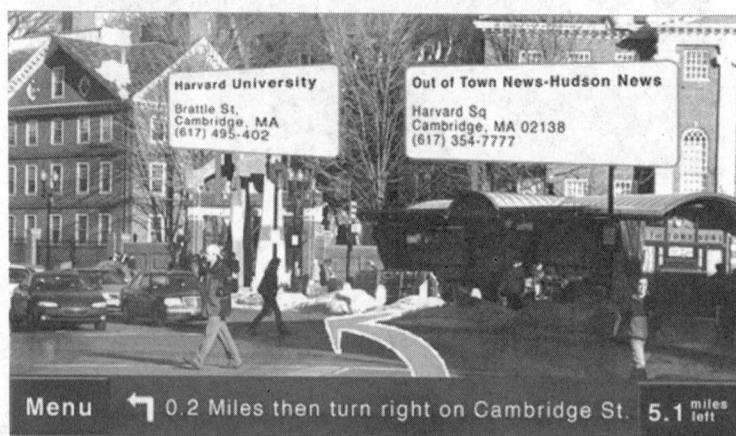

图 3.32　移动浏览器提示的方向信息

3. 扩展体验

增强现实具有方向提示和语言翻译的功能,这些可以让旅行者对身边环境获得比以前更广泛的体验。虽然增强现实给气派的饭店或者著名的博物馆增加数字信息标签肯定是有价值的,但是也有不太明显的用途。增强现实能够重述当今的故事和很久以前的传说,通过这种方式,它具有讲故事、加强文化交流和创造难以置信的学习机会的能力。增强现实可以对看到的建筑物增加地理标记,从而把地理标记带到一个新水平。例如,人们可以在特定环境中注释一些关键点,对山间小路进行描述,这些可能会对将来参观这里的其他徒步旅行者和观光者有帮助。

4. 增强历史

增强现实技术对历史学习也能起到重要作用。通过增强现实技术,可以在特定位置分层显示数字历史层。设想一下,当你使用增强现实智能手机或者戴着未来的增强现实眼镜,站在自由女神像脚下时,会是一番怎样的情形。或许,你希望看到自由女神像的构建过程,那么一种称为"施工期"的增强现实应用软件可以为你提供此项服务。它会在你眼前分层显示数字图像甚至视频剪辑,让你看到施工过程中各个阶段的情况。如果你选择了自由女神像尚未建造的时期,那么在你眼前会显示这个地方原先是一处军事堡垒。为数众多的分层图像能够展示不同时期的情况,为用户提供大量的信息。

HistoryPin 是一款可以在智能手机或者平板电脑上运行的程序,它能够让用户体验过去不同时刻世界各地的风土人情,看到分层叠加显示在用户刚好所在位置的历史照片,如图 3.33 所示。据 HistoryPin 软件的首席执行官 Nick Stanhope 所说,开发这款软件的目的是让数以亿计的历史材料成为大众分享的话题,也就是说,通过这款软件提供的神奇镜头,让每个人重新认识这个世界。

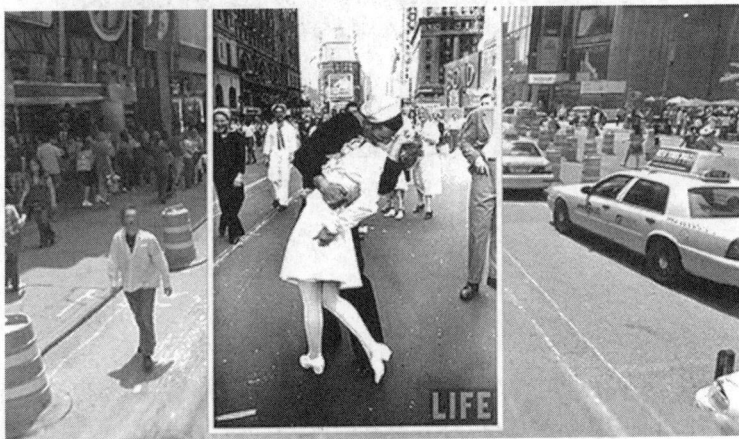

图 3.33 HistoryPin 软件把"胜利之吻"照片叠加显示在今日的时代广场上

两万多名用户已经对五万多份材料进行了地理位置标记,这些材料包括照片、视频、音频和书面评注。

Tagwhat 是一款娱乐应用程序,它包含艺术、美食、自然、遗产、音乐、运动和电影等诸多领域的历史信息。例如,如果你选择了"电影",那么 Tagwhat 软件会显示你所处位置附近所有与电影相关的事件,如图 3.34 所示。应用程序观景窗会显示出用户的位置信息和附近的标记。每一条标记描述一件已经发生的唯一的电影事件,与特定标记越接近,就会获得更多的额外信息。例如,设想一下,如果你身处纽约市商业区,正在使用 Tagwhat 应用软件寻找与电影相关信息,会是怎样一番情景?这时候,一条标记信息出现了,Al Pacino 领衔主演的电影《情枭的黎明》的弹出对话框出现在手机显示屏上。点击显示屏上的标记,可以调出这部电影的描述,以及主要演员和附近的拍摄电影时的外景地信息。如果按下地图按钮,将会定位到电影拍摄的准确地点,并且给出去该地点的方向,以及在那个特定地点拍摄的现场视频剪辑。

图 3.34　Tagwhat 软件

3.4　教育

在美国,教育的总支出仅次于医疗保健,位居第二。在 2011 年,综合教育支出总额达到 1 万 6 千亿美元。一些由于位置受限并且通过其他方式可能无法接近的区域,例如发动机缸体内部,甚至正在运行的发动机内部,通过增强现实可以让人们看到这些区域的内部情况,因此从建立仿真到从事虚拟研究,增强现实影响和改善教育的潜力是巨大的。增强现实可以在很多方面为学习增加一个新的维度。增强现实在外语学习方面的应用,可能就是一个简单的例子。让学生在他们宿舍或者附近熟悉的环境里四处走动,通过增强现实程序来识别物体并用他们正在学习的语言来描述它,这样能够让学生更好地掌握外语。这种方法被认为是"锁定法",它是一种记忆技巧,可以让人们把新信息与他们已经熟识的事物关联起来。

3.4.1　增强现实图书

增强现实通过三维图形或动画、音频或视觉信息等方式来增强特定内容,能够给旧书甚至是新的电子书注入新的活力,如图 3.35 所示。增强现实可以用于传统的印刷版图书,这些图书的基本信息可能不会大量更改,但是会做一些更新和改进,例如在图书的适当章节使用增强现实技术来阅读,可以让用户更好地与图书内容进行交互。

图 3.35　增强现实用于传统图书

3.4.2　协作学习

通过扩充大规模多人在线游戏模式,以及把虚拟世界化身融入真实环境的方式,增强现实能够提供一种有沉浸感的、社交的、能增强想象力的、具有游戏质量的体验。这种环境可以给协作学习带来跳跃式的巨大进步。参与者可以融入传统的基于任务的学习中,也可以融入与指定位置相关联的学习机会和活动中。与社交网络元素相结合,有可能创建一个具有沉浸感的、与游戏类似的学习环境,并能够以全新的方式增强面对面协作和远程协作,如图 3.36 所示。

3.4.3　Construct3D

Construct3D 是一种用于数学和几何学教育的三维协作式构建工具。它的突出优势在于学生们确实能够在三维空间中看见三维物体,而先前他们必须使用传统的二维方法计算和构建这些三维物体。增强现实组件给学生们提供了复杂三维物体和场景的几乎可触知的图片,因此能够增强和丰富学生们塑造的心理意象,如图 3.37 所示。

图 3.36　增强现实协作案例

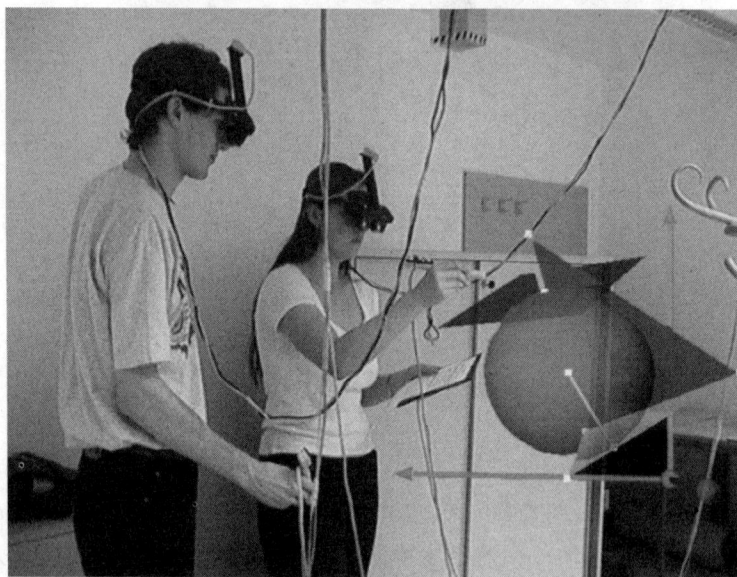

图 3.37　正在使用 Construct3D 的两名学生

3.4.4　增强现实教育组

美国 Vuzix 公司已经成立了一个增强现实教育组,致力于开发既可以是现成的,又能够定制的增强现实培训主题的图书馆。图书馆将包括下列主题:

(1) 医学专家、医学诊断和流程;

(2) 科学研究、分析和开发;

(3) 理论指导、研究和协作;

(4) 企业研究和开发活动。

增强现实已经在培训和通信领域取得了诸多进展,Vuzix 增强现实教育组利用这些进展,希望成为检索、出版、分享开拓性研究和行业发展的第一站。

3.5　维护和修理

3.5.1　维修案例

增强现实给教育带来的好处人所共知,如果稍微看远一点,就会知道增强现实在维护和修理领域中也有用武之地。由哥伦比亚大学的 Steve Henderson 和 Steven Feiner 创建的增强现实维护修理(英文名称缩写为 ARMAR)程序是增强现实在这个领域中著名的应用案例。ARMAR 研究了增强现实如何帮助机修工加速维护作业和修理工作。ARMAR 可以把计算机图形叠加显示在需要维护的真实设备上,从而提高机修工的工作效率、准确性和安全性,如图 3.38 所示。通过头盔显示器,机修工能够看到他们正在维修的机器的增强视图,这些增强视图包含机器组件标签和维护引导步骤。使用增强现实技术辅助维修,机修工能够更快地确定故障位置并开始维修工作,工作耗时在某些情况下几乎是未使用增强现实辅助所需时间的1/2。跟踪调查显示,机修工认为增强现实能够影响直觉,并且令人满意。增强现实越来越适用于各种维护和维修任务。增强现实已经在机械维修领域中起到了示范作用,它还可以用于描述建筑物的倒塌机理,以及其他结构维修过程,如图 3.39所示。

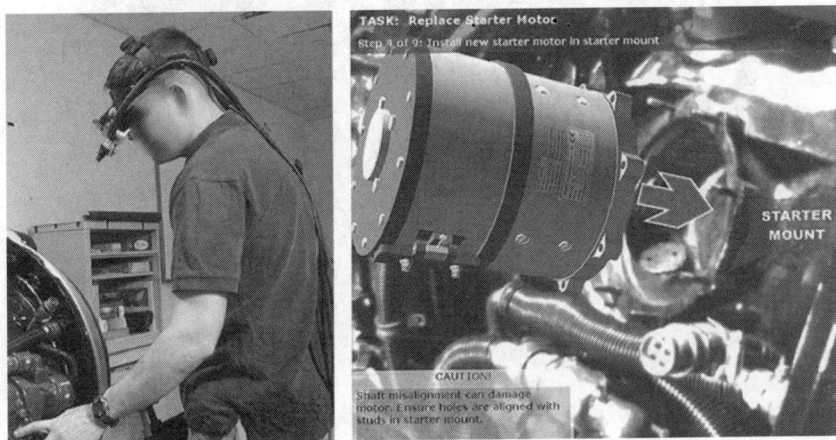

图 3.38　ARMAR 系统

3.5.2　增强手册

现在,用户指南和维修手册已经数字化了,并且可以在线获取。指南和手册迟早会转换成增强现实中的可交互的指令集。如果增强手册把文本和图片改为叠加

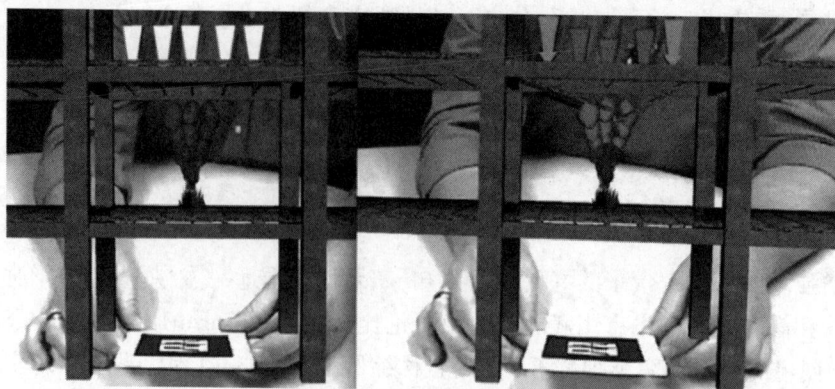

图 3.39 说明防塌机理的增强现实方法

显示在真实设备上的三维图,并提供分步指令,那么增强手册会更加易于理解。图 3.40 所示的案例,是哥伦比亚大学 Steven Feiner 课题组开发的激光打印机维护应用。

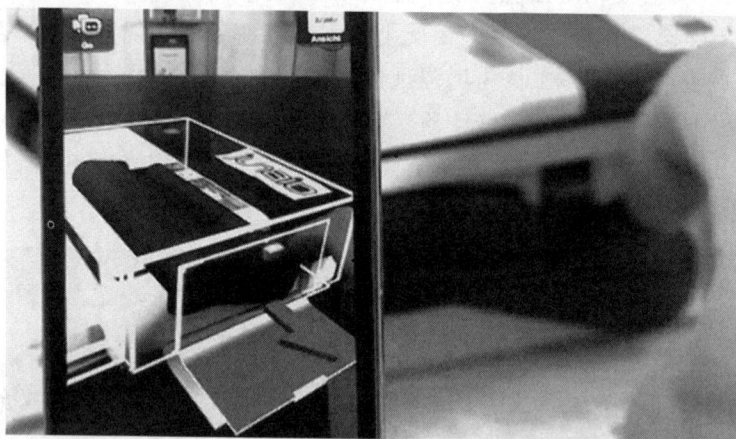

图 3.40 增强现实手册给更换打印机墨盒任务提供分步指令

3.6 医学

医学领域是增强现实最振奋人心的应用领域之一。尽管医生和外科专家能够熟练地使用现代医学设备的所有功能,但他们只能使用裸眼检测病人,无法直接看到核磁共振成像或者计算机 X 射线断层扫描得到的影像;反之亦然。医学传感器的数量日益增长,使得这类信息能够与医生们裸眼看到的图像实时地组合、渲染并叠加显示在真实病人身上。实际上,增强现实为医生提供了一种类似 X 射线透视视觉的病人体内影像,而且是彩色全谱图像,不是黑白二值图像。

增强现实也给新的微创外科手术提供了巨大潜力。外科医生进入手术室后，看到手术台上的病人，通过头盔显示器，医生能够有效地逐层看到病人身体里去，从皮肤开始，然后是肌肉，继续向下，一直到达骨骼，如图 3.41 所示。有了这种透视观察病人的新方法，外科医生就能够开始手术，并且只需要在病人身体上开一个小口，把与内窥镜或者导管类似的工具插入其中。接下来，为了增强外科医生的视觉，头盔显示器显示出做手术的位置，并提供其他器械和传感器可能放置在病人体内某一位置的虚拟绘图，给医生呈现一幅病人和手术区的数字全貌。尽管现在这种情境中的梦想成分多于现实成分，但是人们在增强现实技术和超小型传感器新技术领域做了大量的研究工作，迟早会把这种情境中的梦想变成现实。

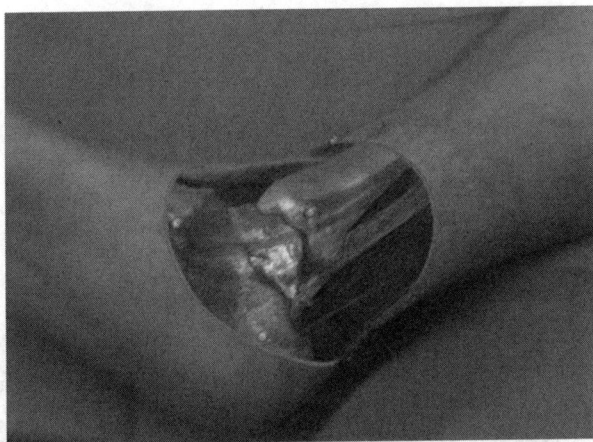

图 3.41 增强现实用于察体

伴随着微创外科思想，增强现实有可能用于识别器官和其他需要避开的重要的指定位置。简言之，增强现实能够用于帮助医生不去触碰可能会伤害病人的物体。北卡罗来纳州大学教堂山分校的一个课题组已经进行了使用超声波传感器扫描孕妇子宫的试验，生成了子宫中胎儿的三维图像，并显示在头盔显示器上。

手势和语音命令也开始用于外科手术。下面这个案例，介绍了来自伦敦国王学院和盖斯与圣托马斯 NHS 信托基金会的研究者和外科医生们在手术室里试用"无触觉"技术的情况。这个过程包括使用计算机程序采集解剖病人的三维图像，生成许多观察视角不同的二维图像，外科医生可以使用 Kinect 技术而非实际接触，就可以查看、控制和操纵这些医学图像。这可以让外科医生保持无菌环境，而且不必过于依赖助手为他们操纵视觉辅助设备，从而降低了误判概率，如图 3.42 所示。

医学院也能够从增强现实应用中受益。这些增强现实应用可以让学生借助一种以前不可能实现的方式看到并想象人体的部分骨骼，如图 3.43 和图 3.44 所示，并且虚拟指令能够给新临床的外科医生提示手术的必要步骤，而不需要外科医生把目光从病人身上移开去查阅操作手册。

图 3.42　外科医生在手术室里使用"无触觉"技术

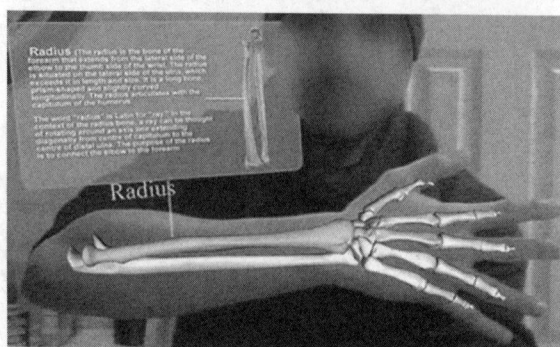

图 3.43　医科学生使用增强现实显现并了解自己的骨骼结构

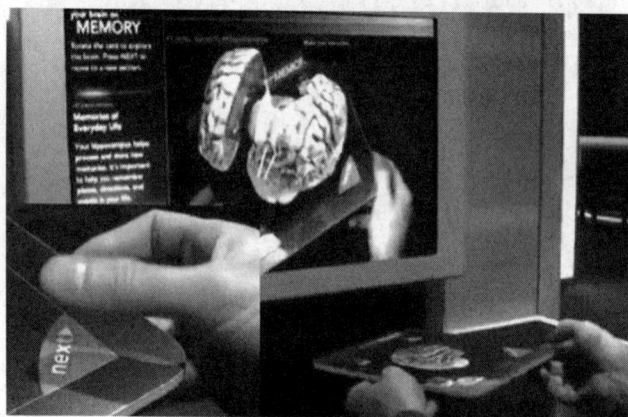

图 3.44　可以从任意角度浏览和检查大脑的交互式增强现实自助服务机

　　增强现实的另一个新用途是治疗某些恐惧症。使用暴露疗法,可以治疗患者的蟑螂恐惧症,如图 3.45 所示。这项研究使用增强现实系统对 6 名患者进行了 3 个月、6 个月和 12 个月的治疗,结果显示这种治疗蟑螂恐惧症的方法是有效的,因为经过治疗,所有患者的病情都明显好转。

　　增强现实医疗救助也不必完全可视化。随着智能手机、平板电脑和其他触摸

图 3.45 通过让患者经常看蟑螂来治疗蟑螂恐惧症

屏设备的快速发展,近几年来专家们通力协作,确保视觉障碍者能够使用这些新技术。案例之一是设计能够更好地帮助盲人在室内导航的"Navatar"智能手机应用程序,如图 3.46 所示。

图 3.46·应用中的 Navatar 系统

内华达大学雷诺分校计算机科学工程人机交互实验室的 Kostas Bekris 和 Eelke Folmer 正在开发 Navatar 系统。这个系统使用建筑物或区域的基本的二维结构图,并与 GPS、罗盘和加速度计采集的数据进行融合,能够检测并让用户知道他们已经进入了一个特定的建筑物,大多数智能手机也具有这项功能。因为这个系统是为视觉障碍者开发的,所以可以认为这项应用与当今汽车导航系统的工作方式大致相同,都是通过读出指令实现了"听觉增强现实"。

研究者们也在设想使用增强现实来改善人们的总体健康。一个有趣的例子是节食减肥,研究者们使用增强现实技术欺骗试验者,让他们认为吃下了比实际份量更多的食物,如图 3.47 所示。试验出于下述设想:如果试验者看到了比实际份量更多的食物的增强视图,比如说多出 10 倍的份量,那么他们头脑中会认为很快就吃饱了,不再需要吃更多的食物了。到时候会有趣地发现,这些增强现实体验如何影响试验者的思想和身体,以及这些试验结果是否是积极的和长久有效的。

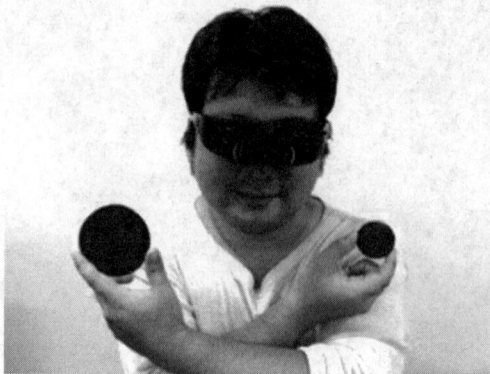

图 3.47　增强现实节食

3.7　商业与贸易

本章前几节已经探究了增强现实的多种用途,发现它几乎在任何情况下对人们都是有帮助的。人们绝大多数日常活动的基础理所当然是商业与贸易。伴随着在娱乐、教育和医学等领域的广泛应用,增强现实也被强有力地应用到业务创建与维护,以及维持或增加市场份额等方面。

3.7.1　广告、公共关系和市场营销

根据科技博客 Business Insider 的报道,2010 年通用汽车公司做广告花费了 42 亿美元,福特汽车公司花费了 39 亿美元,其他几家公司如沃尔玛百货有限公司、威瑞森电信公司和美国电话电报公司做广告,每家公司都至少花费了 25 亿美元。这五家公司在 2010 年做广告总共花费了 160 亿美元。把这些钱作为样本数据,能够很容易地看出未来增强现实如何在广告业上发挥巨大作用。

3.7.1.1　二维码与增强现实

二维码,又称为快速响应码。它是一种更为复杂的条形码,由黑白相间的密集栅格构成,能够包含比普通的一维条形码多 100 倍的信息量。二维码虽然用途广泛,但是目前它的应用集中在广告领域。当然,把二维码与增强现实相结合,可以产生一些独特的优势。因为二维码在公共领域系统中是最常用的,所以使用二维码作为增强现实标识物,可以绕开注册问题,这是两者结合的第一个优势。对每一个增强现实系统而言,注册(增强)信息通常是不同的;如果没有附加的注册过程,

那么在一个系统中使用的标识物可能不适用于另一个系统。使用已经制定的二维码,可以让增强现实从不通用的、封闭的系统变成通用的、开放的系统。二维码具有相对较大的信息存储能力,能够把额外的数据存储在代码中,例如包含可扩充内容的网址,这是两者结合的第二个优势。随着二维码在世界范围内日益普及,它迟早会成为公共领域增强现实系统的中坚,并且会超越基本的跟踪和广告方面的应用,扩展到社交网络和安保等其他领域,如图 3.48 所示。

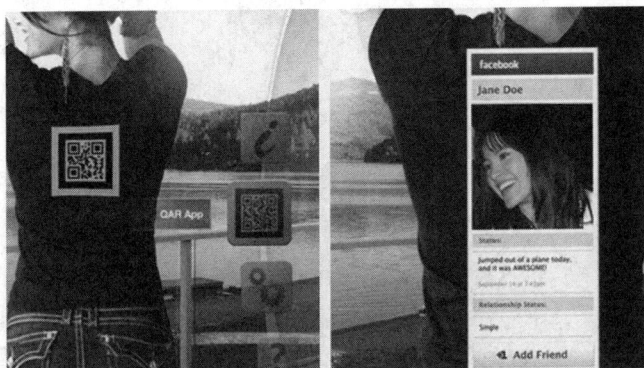

图 3.48 二维码与增强现实结合用于社交网络

3.7.1.2 广告牌和海报

在英国,达美乐比萨公司已经把增强现实广告牌公之于众,如图 3.49 所示,可

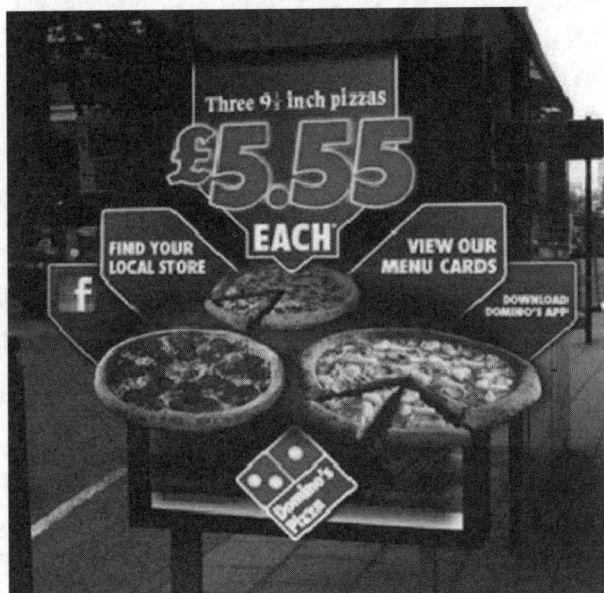

图 3.49 达美乐比萨公司的增强现实广告牌

以让消费者使用手机从广告牌上直接订购比萨。无论是在公交车站等车,还是行走在大街上,消费者只需要给智能手机下载一个移动订购应用程序,就可以成为脸谱网的用户。然后,消费者可以用他们的智能手机扫描海报,收藏 6000 多个网站,并且能够联系购买一份 5.55 英镑的特价比萨。达美乐比萨公司已经与 Blippar 公司合作,共同开发目前正在许多项目上使用的技术,如图 3.50 所示。

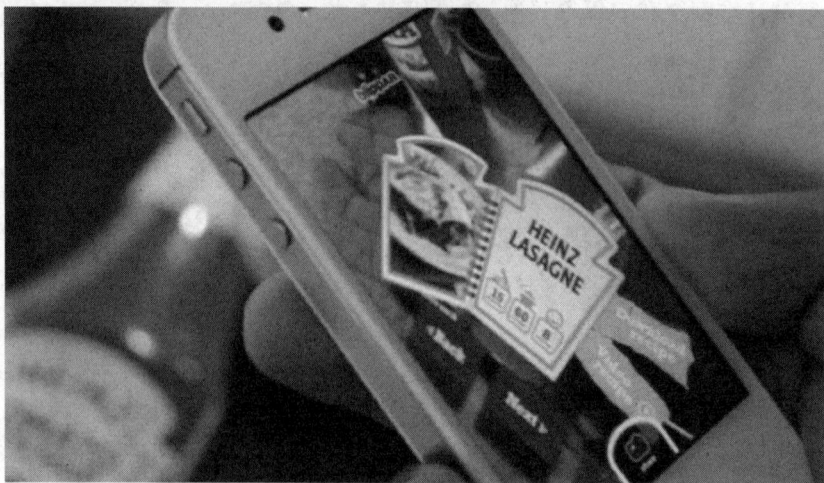

图 3.50　Blippar 公司提供的使用蕃茄酱的食谱

3.7.1.3　电影广告

在 2009 年,为了宣传即将上映的《星际迷航》系列片的最新电影,制片方发布了一个称为"体验企业号"的增强现实广告。电影海报就是标识物,一旦被增强,观看者就能够观光企业号,了解全体船员,使用武器,并且进行曲速(Warp)飞行,如图 3.51 所示。

另一个成功的广告宣传活动是电影《钢铁侠》的病毒视频,它把增强现实眼镜描述成具有与头盔显示器类似的日常使用功能。不幸的是,这项技术在病毒视频中被认为是虚假的。然而,类似这样的事物,或许过不了多久就会成为现实。在不久的将来,人们很有可能会看到许多与之相似的新物品,而它们的原型就是这种增强现实眼镜。

3.7.1.4　汽车广告

汽车制造商已经使用增强现实创建广告,与电影广告非常相似,它们不但可以让客户"看到"虚拟展厅环境里的汽车,而且能够让客户与这些虚拟汽车进行交互。图 3.52 展示了宝马公司 Mini Cooper 敞篷版汽车的增强现实广告。其他的汽车制造商,例如德国梅赛德斯—奔驰公司,也开始采用增强现实技术,让客户在展

图 3.51　"体验企业号"的增强现实广告

厅里虚拟设计他们的汽车样式。

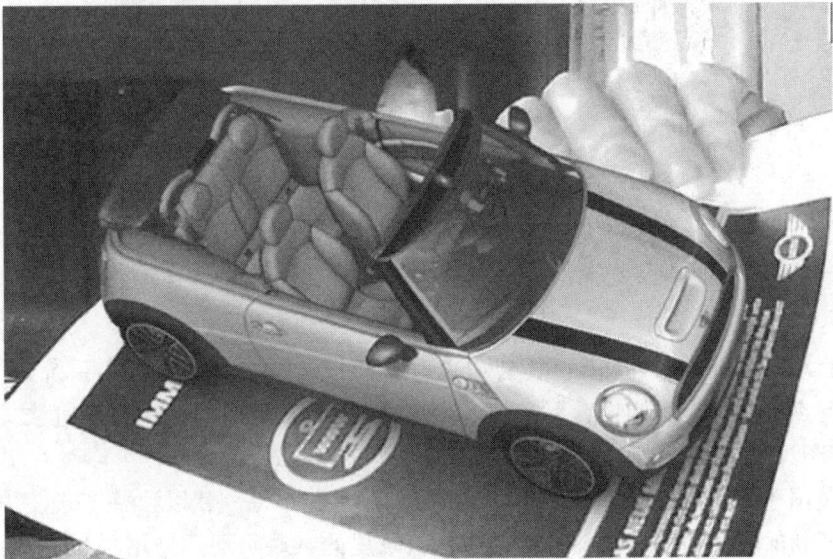

图 3.52　宝马公司 Mini Cooper 敞篷版汽车的增强现实广告

3.7.2　零售和购物

增强现实将在几年内把传统的购物体验转变为个人定制,并会把购物的社交网络因素纳入当今的购物方式中。案例之一是 EON 互动式镜子,它可以为服装店提供虚拟试衣间,不但能够让顾客按照个人喜好实时地选择服装,而且能够让顾客看到自己已经穿着准备选购服装的形象。在图 3.53 中,一名选购宴会礼服的妇女,不但能够实时地看到她自己穿着不同颜色礼服的样子,而且可以置身于宴会氛围中,让她体验在特定地点和时间穿着这身服装的感受。社交网络因素也可以添加进来,现在的人们即使身处世界的两端,仍然能够相互之间虚拟购物。

图 3.53　EON 互动式镜子

目前,伦敦的 Selfridges 百货公司也有一套与之类似的增强现实系统,并且运行状况良好。街上的购物者不必走入商店,就能够试戴他们喜欢的任何款式的手表,如图 3.54 所示。

美国 Moosejaw 公司是一家服装零售公司,它发布了一款以独特方式使用增强现实的新的应用程序。Moosejaw 公司把目录里的某些页面用做增强现实标识物,当扫描这些页面时,会显现出目录里的模特把外衣脱掉只剩下内衣的 X 射线透视的假象。这是一个有趣的噱头,可以为他们的服装商品吸引注意力,这种现象向人们提出了广告中的增强现实将来路在何方的有趣问题。"性营销"是一项广告准则,Moosejaw 公司在 2012 年 5 月发布了称为"汗湿"的第二个增强现实应用程序和

图 3.54　Selfridges 百货公司的增强现实手表售货机

目录。在这个版本里,增强现实应用程序可以让用户拿着虚拟水枪向虚拟模特喷水,使得模特看起来好像穿着一件湿 T 恤,如图 3.55 所示。随着增强现实日益鲁棒和普及,Moosejaw 公司在增强现实领域做出的尝试,势必会影响其他服装公司甚至成人色情行业,这会是一件非常有趣的事情。

图 3.55　Moosejaw 公司的"汗湿"增强现实应用

3.7.3　增强现实挡风玻璃

增强现实是"虚拟缆绳"汽车导航系统的关键的可视化组件,它使用了独特的人机接口和具有突破性进展的三维引擎硬件,其中三维引擎硬件带有一个在市场上可以买到的增强挡风玻璃。虚拟缆绳系统能够在挡风玻璃上投影一条红色虚拟线,为驾驶员提供比目视距离更远的周边地区的信息。

　　在暴雨或浓雾等能见度低的情况下,虚拟线和提示信息可以为导航和场景理解提供辅助。图3.56展示了虚拟缆绳系统根据道路方向,在挡风玻璃上显示向前方延伸的虚拟线条,并且突然向右弯曲,用于提示驾驶员在下个路口向右转。这种视觉提示能够给驾驶员提供远超正常视力的前景预告。此外,虚拟缆绳系统还可以用于速度控制、追尾规避、监测点报警、替换路线介绍、碰撞规避和越野导航。

图3.56　虚拟缆绳系统用虚拟线给驾驶员提示行进方向

　　先锋立体视觉系统也是一个车用增强现实系统,它利用驾驶员的智能手机和一个类似透明遮阳板的平视显示器面板来实现相应的功能,如图3.57所示。这个系统使用方便,驾驶员在查看平视显示器显示的导航提示和其他重要统计数字的时候,可以使用其他的菜单功能。在不久的将来,增强现实挡风玻璃不再只是安全玻璃,它能够演变成不透明的加固的金属电视监视器,类似一个牢固的、与挡风玻璃尺寸相似的平板电脑,能够把外部世界的景象通过一系列视频摄像机传送进来,可以提升系统的防护等级和安全性。

图3.57　先锋立体视觉系统的平视显示器面板

3.8　本章小结

本章回顾了用户界面的发展历程,展望了能够改变人们与计算机交互方式的新颖的计算机界面。同时,本章还介绍了增强现实在体育、娱乐、教育、医学和商贸等诸多领域的应用。增强现实能够通过多种有效的新方式得到广泛应用,例如为人们提供有关地理或事物的更多信息,或者让人们看到原本不易看到的情景。下一章将继续探究增强现实的用途,介绍增强现实在公共服务和军事领域的应用情况。

第 4 章

增强现实在公共安全、军事和法律上的应用

本章介绍如下内容:
(1) 公共安全、军事和法律;
(2) 增强现实与执法;
(3) 增强现实与消防员;
(4) 增强现实与军事;
(5) 增强现实卫星探测;
(6) 增强现实航班跟踪;
(7) 增强现实船舶跟踪;
(8) 增强现实与法律。

4.1　公共安全、军事和法律

增强现实技术已经接近成熟,如今真实地存在于现代社会中。增强现实具有充分的基础,这些基础支撑着它走向繁荣。移动平台已经促使增强现实广泛地分布于世界的各个角落以及各行各业,在很大程度上改变了世界的主要发展趋势。增强现实把创新推向新的水平,创造出具有多种用途的灵活的工具来帮助社会进步。这些工具可以成为双刃剑,能够用来做好事,也能够用来做恶事。因此,必须看到技术的消极面,提前预测出意料之外的负面结果,也许能够阻止它们发生。1903 年,当莱特兄弟的第一架动力载人飞机飞行了 12 秒时,他们会想到隐形轰炸机吗? 毫无疑问,他们想不到隐形轰炸机。他们会想到飞机被用做飞弹去撞击纽约市的摩天大楼吗? 可以肯定地说,他们想不到。本章将深入研究增强现实应用的好的方面和坏的方面,并重点讨论增强现实对公共安全部门、军事和法律领域产生的影响。

4.2　增强现实与执法

奥地利 Frequentis 公司的工程师开发了一款称为 iAPLS 的程序,这是公司的员

工自动定位系统的移动分机,根据它们发射的无线电波,能够使用 GPS 信号显示员工身处何地。如果嫌疑犯的智能手机已经被警察确定方位,或者有便衣警察紧紧追踪他们,那么就能够跟踪这些嫌疑犯。警察们也能够使用他们的电话去标注可疑包裹的位置,让其他警察发现这个可疑包裹。

为了便于警察驾驶直升机去跟踪目标,美国科罗拉多州博尔德市的丘吉尔导航公司使用带有起伏地形的街道地图来实时地增强直升机的即时影像,如图 4.1 所示。公司创始人 Tom Churchill 说,如果没有这项功能,面对着像迷宫般的街道,飞行员很难知道目标在哪条街上。把地图数据库与控制摄像机运动的软件紧密结合,就可以实现这项功能。

图 4.1 警用直升机的增强视图

把信息数据库与指定位置绑定,可以提供那个地方的丰富的直觉理解,以及与它相关的历史信息。增强现实能够让警察事先了解砖块和门后面的目标的可能危险、风险和来历,然后进入房间。他们能够知道门后面有什么,而且能够获取已有信息,包括以前的紧急电话和其他许多信息。

最近,美国加利福尼亚州的圣马特奥市和伯林盖姆市的警察局对这个程序成功地进行了一项为期 90 天的试验。

4.2.1 雄蜂技术与增强现实

雄蜂是无人机的别名。雄蜂技术可以为执法和军事提供实时数据,能够成为监控的有效工具。2012 年 2 月,美国国会通过了一项法案,同意在美国领空增加无人机的使用量。美国联邦航空管理局预计,到 2020 年,美国领空将有 3 万架无人机。

无人机与增强现实相结合,可以实现执法中的目标识别、车牌识别和一些其他方面的潜在应用,创建复杂的人、物体和交通工具的跟踪系统。除了目标识别之外,无人机的数据源还可以用于识别人群中的可疑行迹,这种可疑行迹可能暗示了骚乱或者潜在的恐怖活动,如图 4.2 所示。

图 4.2　无人机拍摄的警察介入骚乱现场的视图

4.2.2　犯罪现场协同调查

荷兰代尔夫特理工大学的 Oytun Akman 正在开发一个增强现实系统,该系统能够在当地警察调查犯罪现场的同时,让同行专家们通过增强现实对他们进行远程支持。为了后期检查,这个系统还可以创建犯罪现场场景的三维视频。据 Oytun Akman 说,开发这个系统的目的是"支持犯罪现场调查与同行专家之间的协同空间分析"。初步结果显示,与远程空间交互方法相比,这种方法可以让调查人员与远处的专家合作,使得调查人员能够在现场解决问题。

4.3　增强现实与消防员

增强现实对紧急救护非常有帮助,它在这方面具有巨大的潜力。消防员可以利用增强现实提供的难以置信的新优势去扑灭大火,解救受难者。诸如 Tanagram Partners 这样的公司,正在增强现实对社会有积极影响的一些领域里做研究。例如,在消防领域中,他们致力于为消防员提供更好的通信方法,确保在高危险情况下能够快速引导消防员,让他们迅速找到受难者,并确定火源的位置。

　　灭火有很多规则,其中之一是竭尽全力让你的人员避开不必要的危险。在这样的紧急情况下,增强现实有可能会给消防队长提供极大的帮助。现代化的消防队通常配备了增强现实眼镜和头盔等装备,当遇到火灾时,能够立即给消防队长提供附近电网的平面布置图,显示电线杆和空中电线的位置,因为大火的高温可能会熔化它们。接下来,借助增强现实眼镜,消防队长和他的队员们能够看到离他最近的五个消防栓的虚拟视图。一旦消防员佩戴增强现实眼镜进入建筑物,眼镜上提供的增强信息就会引导他们在建筑物内进行搜救行动。

　　消防员总是戴着消防手套进入燃烧着的建筑物。这种手套体积大、笨重,不能给消防员更多的灵活性去完成细致或复杂的手指运动。借助增强现实技术,可以把增强信息投影到手套上。因为使用简单的手指触碰动作去激活无线电通信或者打开一幅地图是很容易实现的,所以增强现实技术能够给戴着消防手套的消防员提供更大的优势,如图4.3和图4.4所示。

图 4.3　增强现实可视化为消防员显示关键的可视数据

图 4.4　消防员能够从另一个位置或者通过另一个消防员的视角看到火灾现场视频

这种增强现实技术也能够很容易地应用到其他救援行动中。城市搜救队、护理人员、警察、战地医生和其他紧急救护单位都能够从增强现实技术中受益。

4.4　增强现实与军事

平视显示器和头盔瞄准具已经在军事领域应用很多年了。武装直升机的机头炮塔由飞行员的头盔瞄准具控制,因此飞行员能够简单地通过凝视目标来让机头炮塔瞄准目标。另一个例子是 F-35 闪电 II 战斗攻击机的飞行员使用的头盔显示器。这款头盔显示器可以让飞行员看透飞机壁板,就好像是在天空中游弋。用于军事训练时,可以把数据或者物体传送到头盔显示器上进行显示,例如让士兵们在添加了敌军士兵或坦克影像的真实场景中进行训练。通过这种方式使用增强现实技术,可以在不需要额外硬件或者人力的情况下,让士兵置身于更广阔的训练场景中。美国芝加哥的 Tanagram Partners 公司目前正在开发军用级的增强现实技术,如果原型产品的潜力被全部开发出来,那么将会显著地改变军事打击的方式,如图4.5 所示。

图 4.5　Tanagram Partners 公司的战场增强现实理念

案例之一是战场增强现实系统,英文名称缩写为 BARS。这套系统包括一台可穿戴的计算机、一个无线网络系统和一个透视式头盔显示器。它把增强战场情景作为目标,提供的附加信息不但包含周围设施的信息,而且包含敌人可能伏击的信息。该系统的透视式头盔显示器是一个能够在用户视野中显示数据的护目镜。

4.4.1　信息优势

信息优势定义为可以让拥有者使用信息系统的信息优越性的程度,以及在冲突中获得对手不具备的作战优势的能力,或者控制除战争之外其他局面的能力。取得信息优势是高级军事领导人永恒不变的追求目标,增强现实技术能够让这个目标更容易实现。

增强现实用于信息优势的案例之一是持久近距空中支援,英文名称缩写为PCAS,PCAS 计划的目的是给控制者提供"请求和控制几乎实时的空中火力支援"的能力。这个系统可以减少意外伤亡和友军自伤,而且它准备为地面上的单兵提供与盘旋在上空的无人机或有人驾驶飞机的数据链接。

随着进一步开发以及与增强现实眼镜相结合,穿戴者几乎能够看到相关区域里所有的飞机,即使它们在 100 英里①外。例如,当一名士兵抬头遥望天空时,他能够看到一个图标,提示他在 30 英里外、21000 英尺②高的空中有一架无人机。它还能够显示机载武器的型号,方便士兵快速做出决定,判断这架无人机是否适合完成任务。

在 2012 年,美国国防部高级研究计划署向 Innovega 公司订购用于战场的增强现实隐形眼镜。士兵戴上这种增强现实隐形眼镜后,能够同时看清近处和远处的物体,并且可以通过观看来自卫星或无人机的图像或视频获悉周围的境况,如图4.6 和图 4.7 所示。

图 4.6　来自军用无人机的视频

另一个案例是 ARMES 系统,它是为美国海军陆战队创建的。专家们进行了一项由 6 名参与者使用该系统执行 18 项任务的试验。为了进行比较,这些参与者除了使用 ARMES 系统外,还使用了另外两套系统,其中一套系统是只能显示静态文本指令和没有箭头和方向指向视图的无跟踪功能的头戴式设备,另一套系统所用的计算机屏幕是静态的,但是显示的图形和样式与 ARMES 系统的头戴式设备

---

①　1 英里 = 1.60934 千米
②　1 英尺 = 0.3048 米

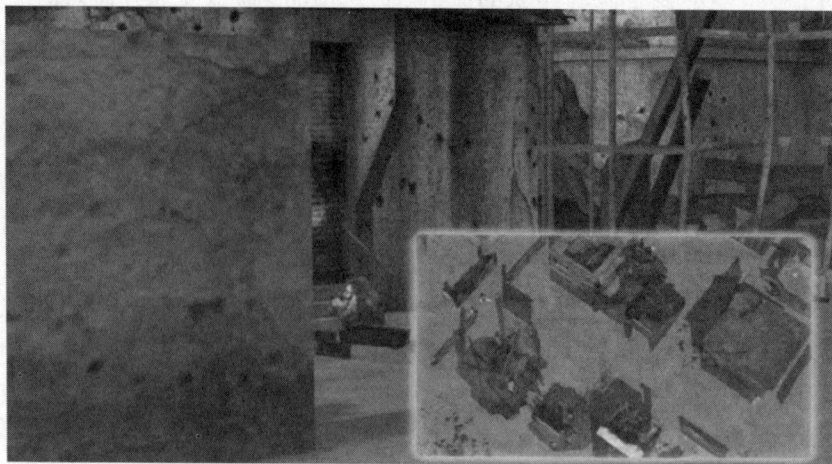

图 4.7 通过增强现实隐形眼镜看到的无人机视频的概念视图

一样。

　　试验结果显示，机修工使用 ARMES 系统查明故障并开始维修任务所需的时间，比使用无跟踪功能的头戴式设备平均少 56%，比只使用静态的计算机屏幕少 47%。

4.5 增强现实卫星探测

　　DishLoc 是一款增强现实应用程序，可以让用户查看每一颗地球同步卫星的位置，包括方位角、俯仰角和滚转角，如图 4.8 所示。它可以帮助用户把卫星接收天线调整到最佳位置。

图 4.8 DishLoc 增强现实卫星探测

4.6　增强现实航班跟踪

地图问世之后最伟大的新生事物之一无疑是全球定位系统,英文名称缩写为GPS。当增强现实与交通运输跟踪融为一体时,导航呈现出一幅新景象。新型的增强现实应用软件可以让智能手机用户跟踪诸如飞机或轮船这样的运动目标。

对飞机而言,目前有一款称为"飞机发现者增强现实"的应用软件,使用了"广播式自动回报监视"技术(英文名称缩写为 ADS-B),能够综合空中飞机发送的信标馈送信息。当带有这种技术的飞机广播信标信息时,其他基站就能够收到飞机名称、类型、高度、飞行方向和速度等重要标识。飞机发现者增强现实应用软件收到这些信标信号后,就能够显示带有区域中飞机实时标识的增强现实叠加图,如图4.9 所示。

图 4.9　飞机发现者增强现实应用

在机场真实场景图像上叠加显示了增强现实航班信息后,机场地勤人员就能够轻易地辨认出地面飞机。油罐车能够收到飞机剩余燃油读数的实时数据,或者其他维护问题,这些都可以通过增强现实应用软件或者增强现实眼镜显示出来。控制塔人员能够看到即将降落的航班的坐标,通过增强现实叠加图查看飞行员无线电传输的闭合字幕、飞机速度、前进方向以及与安全飞行有关的其他重要的飞行指示仪表。未停在停机坪安全区域的地面飞机,会通过增强现实以高亮的红色叠加显示在控制塔的外窗上,提醒控制塔人员存在一个潜在危险。

根据机场的安全级别,借助增强现实技术,能够在监控摄像机、保安岗亭,以及地面安全人员手持的具有增强现实功能的智能手机、平板电脑或者增强现实眼镜上突出显示未经授权的地勤人员。

飞行员也能够从增强现实叠加图中受益。对于特别装配的飞机而言,它的驾驶舱窗口能够显示增强现实叠加图,可以高亮标示出到达安全跑道的正确路径,或者确定合适的着陆区。如果飞机在空中出现紧急情况,增强现实叠加图不但能够确定机场的空置跑道,而且能够跟踪地面交通并确定安全的非机场着陆选择。未被占用的公路或者没有高压电线和其他障碍物的区域,可能会被智能计算机快速识别出来,并把这些信息传递给系统,然后在驾驶舱窗口显示增强现实叠加图。有了增强现实,没有什么是不可能的。

4.7　增强现实船舶跟踪

增强现实在船舶跟踪方面同样有用。Pinkfoot 公司开发了一款具有这种功能的名为 Ships Ahoy 的应用软件。与飞机类似,船舶也有导航信标。船舶的导航信标称为自动信息系统,英文名称缩写为 AIS,这项技术的用途是防止靠近的船舶发生碰撞,如图 4.10 所示。

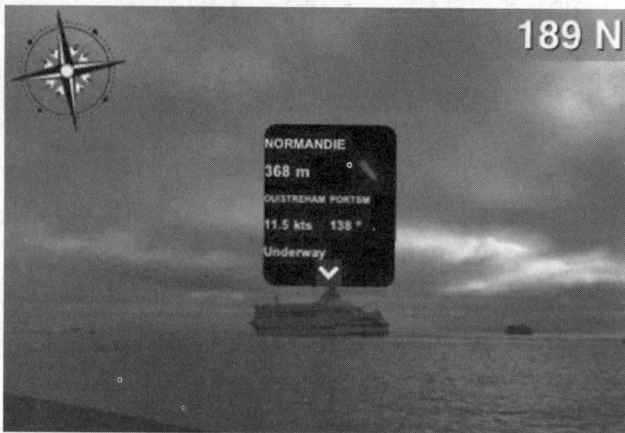

图 4.10　Ships Ahoy 增强现实应用

拖船驾驶员、补给船驾驶员或者码头工作人员能够受益于类似 Ships Ahoy 这样的应用软件。先进的增强现实叠加图也能够帮助驾驶员引导大船进入港口。增强现实眼镜或者拖船增强现实窗口能够通过数字化方式指导驾驶员,显示邮轮进入预期船坞地点的正确位置或运动信息。

增强现实与现代导航设备相结合,能够增加拥挤空间里船舶和飞机的数量,减少航班延误,增加某些港口或拥挤地区的船舶吞吐量。增强现实能够创建有效的系统,最大可能地减少复杂任务所需的劳动力。而且,它还可以控制更加精确的运动,降低生命和财产损失的风险。

4.8 增强现实与法律

增强现实最鲜为人知的应用领域之一将会是法律制定和法制系统如何调整以适应这些变化。立法者必须权衡增强现实对社会的影响,使用这些新发明来处理变化的数字景观。法律专家 Brian Wassom 先生兼任网站 www. AugmentedLegality. com 的创始人,他已经密切关注增强现实的新趋势,以及未来几年内增强现实将会对法制系统产生怎样的影响。

Brian Wassom 预言了值得关注的五大法律领域:

(1) 监管要求;

(2) 过失;

(3) 版权;

(4) 隐私权;

(5) 要求告知。

4.8.1 监管要求

相对于增强现实潜在的爆发性影响而言,尽管这个领域看起来可能平淡无奇,但是它却给立法者带来了一个最大的挑战。当不阻碍创新和另一场技术革命时,实现这种改变意味着保证用户安全存在巨大挑战。Brian Wassom 认为,像这样的实时、高分辨率的设备可能需要较大的信号带宽,而这样的设备可能需要配备大容量电池。这些电池可能会对用户或者其他需要监管的区域造成潜在的健康危害。高科技电子供电设备与这些消费电子产品一样,可能需要必要的监管。Brian Wassom 提出了高宽带需求和可能需要额外监管要求的 4G 移动设备的问题。这些信号怎样发射出去并会给用户带来什么样的风险?高功率护目镜可能会给用户带来风险。这些信号传输时对其他设备有影响吗?当增强现实发展到一定程度的时候,美国国会和美国联邦通信委员会(英文名称缩写为 FCC)必须要解决这些问题。

4.8.2 过失

AugmentedLegality. com 网站已经从许多方面解决了增强现实游戏可能会给开发人员带来麻烦的问题。精神分散的观众在路缘或者人行道上漫步时有可能会受伤,或者他们仿效数字寻宝游戏在不安全的地方漫游导致受伤。这些问题也许会引起过失诉讼,并且诉讼成本很高。汽车制造商正在从事增强现实挡风玻璃的研究,一些增强现实眼镜制造商正在考虑在增强现实用户视野中弹出图标的设计方案。这些干扰可能会让用户受到伤害甚至死亡。一些活动的增强现实图标或者多幅图像可能会使增强现实用户失去方向感,导致眩晕或者其他类型的定向障碍。诉讼可能会导致在使用护目镜时由相关部门制定监管要求或者使用规定的条款。

4.8.3 版权

版权可能是增强现实在法律中最有趣的应用领域之一。Brian Wassom 强调，在增强现实空间中，许多知识产权将会受到侵犯。在虚拟世界中，这个趋势已经清晰地显现出来，因为法院已经受理了多起虚拟版权问题。据 Brian Wassom 介绍，版权受到如此特别关注的原因是增强现实显示（包括图像、视频和数字模型等）会掩盖真实世界显示。这样会使版权所有者很难判断是否发生侵权行为，因为直接用裸眼看不到增强的虚拟信息。只有成为增强现实或者数字视图的一部分时，才能够检测到侵权行为。一些版权所有者已经很难赶上躲藏在网络空间匿名方式背后的侵权者的步伐。互联网上可能会留下毫无侵权者踪迹的数字包，而版权所有者对此束手无策。Brian Wassom 预言，人们将会在虚拟空间中发现一大堆受版权保护的材料。

在通常情况下，整个真实环境有可能会被增强现实的虚拟成分彻底遮挡。为了孩子，复制的卡通人物可以在没有得到版权所有者允许使用的情况下，长时间地停留在房间的每一个角落。Brian Wassom 认为，最终的结果将会使人们重建版权保护的观念。互联网已经迫使人们对这个问题展开讨论，增强现实空间最终也许会打破当前的版权法律框架。

4.8.4 隐私权

当谈论增强现实力量与法律意义的时候，隐私权可能是最受关注的领域之一。当"老大哥"能够在人们不知情或者未经他们允许的情况下识别他们时，人们开始关注这个问题。

人脸识别功能与增强现实相结合，能够创造非常多的揭示公众身份的机会。互联网上免费得到的资源已经能够轻易地发现市民的信息。Polar Rose 公司最近被苹果公司收购，这家公司一直在开发一款测试版的移动应用软件，用户利用这款软件能够把他们自己的数字图像与许多社交网站关联起来。这款软件可以让陌生人相互了解，看到对方所属社交网站的增强图像，如图 4.11 所示。Brian Wassom 质疑这些新功能可能会产生一种新形式的个人隐私侵犯问题，并且认为具体到增强现实的真正隐私问题是将资料与真实空间里的个人实际关联的能力。当你行走在街道上时，通过移动应用程序知道漂浮在某个人头顶的家庭住址，这种可能发生的事情会产生严重的隐私问题。在未来几年内，人们就可以看到对于个人资料与增强现实应用软件使用之间的关系进行有效控制的法律得以制定与执行。

图 4.11 Polar Rose 公司的增强现实社交网络应用

4.8.5 要求告知

Brian Wassom 强调，要求告知是人们可能会遇到的非常实际的问题。当提起诉讼时，律师如何重现身处增强现实空间中的人所看到的景物，会存在一些问题。怎样重建或复制观察者的意象？公司有法律义务必须保留个人看到的意象吗？当增强现实应用领域拓展时，这些问题也许需要解决。

4.9 本章小结

本章叙述了增强现实现在和未来对军事、公共安全和法律的影响，讨论了增强现实用途的两面性，以及需要执法部门关注快速变化的技术进步。执法部门能够通过许多积极的方式运用增强现实技术，追踪性犯罪者，或者识别惯犯。而且，数字化趋势使得增强现实易于与雄蜂技术、人脸识别和地理定位相结合。增强现实在军事领域中的新应用将继续为创新和技术复杂性铺平道路。本章还讨论了增强现实应用软件如何以从未见过的方式实时地跟踪船舶和飞机，以及增强现实会给社会带来的法律问题和社会问题。美国议会和法院必须对如何调整与隐私权、宪法权利和安全有关的现行法律做出重要决定。

第 5 章
研究人员与机构

本章介绍如下内容：
(1) 增强现实的创新者；
(2) 专门研究增强现实的公司；
(3) 增强现实工具；
(4) 增强现实博客。

5.1 专家介绍

因为增强现实仍然是一项新兴技术，所以介绍一些对增强现实有重大影响的开发人员和研究机构是有必要的。当撰写此书时，我们发现世界各地有很多专门研究增强现实的创新者、团队和企业。本章将详细介绍其中的一些专家和研究机构。

5.1.1 Steven Feiner

为了能够更好地了解今日增强现实用在何处，我们必须回顾增强现实来自何方。众多的科学家、创新者和梦想家造就了增强现实的存在现状。如果本书不提及增强现实的一些早期贡献者，以及他们的潜心研究与开发工作，那么就是失职。20 多年前，哥伦比亚大学计算机科学系教授 Steven Feiner 博士就开始进行增强现实实验，他是最早研究增强现实技术的科学家之一。通过无数次的实验和设计，Steven Feiner 博士的研究和开发工作已经大大推进了增强现实的发展，并且培养了许多名在增强现实发展历程中做出贡献的博士研究生。

Steven Feiner 博士把增强现实定义为使用虚拟物体增强真实环境中的物体，同时对虚拟物体与真实物体进行基本几何注册，并且能够实时地进行交互操作。Steven Feiner 博士认识到，不能把增强现实简单地定义为视觉增强，因为它不只是真实环境的叠加显示图。大多数研究团队倾向于视觉和图形导向，但是从广义上说，人们会经历音频增强现实、触觉增强现实、嗅觉增强现实和味觉增强现实。尽管 Steven Feiner 博士及其实验室做的绝大多数工作是与视觉增强现实研究有关，但是 Steven Feiner 博士认为重要的是回过头来用多模态、多媒体的体验来审视增强现实,而不仅仅把它理解为真实环境的叠加图形。

　　Steven Feiner 博士在 1990 年下半年开始涉足增强现实领域。1991 年初,他做了一项与创建视窗管理器相关的课题,该视窗管理器被设计成可以使用头盔显示器补充用户平板显示器的视图。这项课题与空间有限的图形视窗管理器打交道,这种图形视窗管理器显示时可能会遮挡其他物体,因为当时用户可用的显示空间数量有限。解决这个问题有两种方法:一种方法是把不想被遮挡的物体放到前方,另一种方法是让不被关注的物体体积变小。Steven Feiner 博士实际上需要的是大屏幕显示器,但是在那时它的价格很昂贵,因此他寻找其他选择来解决这个限制。如果他采用传统的平板显示视图,并设计一个可穿戴的光学透视式头盔显示跟踪器,那么就能够把附加的图形物体叠加显示到平板显示器上。那些附加的图形可以在视窗管理器的范围内显示,而用户能够在实际的平板显示器之外看到视窗。头戴式显示器显示的图像不如平板显示器清晰。当时,Steven Feiner 博士打算在平板显示器上做他的大部分工作,这是因为头戴式显示器不具有高质量的分辨率。以他建立的系统作为实验平台,在实验中,他能够把物体从平板显示器推开,只是移动它们,抓住一个视窗动起来,而不是停在边缘。因为头戴式显示器具有跟踪头部运动方向的功能,所以他能够继续移动视窗,让其离开平板显示器。这是他在 1991 年上半年做过的实验,是对增强现实的第一次探索。在这个实验中,用户能够看到视窗边界之外的真实物体及其名称。视窗中心具有高分辨率,用户在这里进行大部分的工作;离视窗中心越远,分辨率越低。如果用户看平板显示器以外的区域,他们基本上能够看到周围的场景,而且会发现有很多视窗停靠在平板显示器的两边。习惯上,对于视频显示器而言,重要性等级是指在最前方的物体的重要性最高,周围物体的重要性低。Steven Feiner 博士明白这个理念已经在传统媒体和基于计算机的媒介中被讨论过。通过这个实验,他想尝试借助头戴式显示器,利用一种环境来虚拟表示所有这些在第二和第三空间中的物体。这是他建立的第一个增强现实系统。在那之后,Steven Feiner 博士参与了很多项目研究。他最喜欢的项目之一是开发第一款户外增强现实应用软件。1986 年,他在一个有外部框架的背包里装了大约 45 磅重的物品,这个相当笨重的背包是第一个户外增强现实系统,也是第一个移动增强现实系统,它被称作“旅游机”,如图 5.1 所示。他在 1997 年发表了一篇研究论文,论文题目是《A touring machine: prototyping 3D mobile augmented reality systems for exploring the urban environment》,作者是 Steven Feiner、Blair MacIntyre、Tobias Hollerer 和 Anthony Webster。在这篇论文中,强调了如下三个主题:

　　(1) 提供融入三维增强现实空间中的真实场景的信息;

　　(2) 支持用户在一个相对较大的户外空间里行走;

　　(3) 结合多重视窗显示和交互技术,利用两者的互补功能。

图 5.1 "旅游机"户外增强现实系统

　　对 Steven Feiner 博士来说,增强现实在他的职业生涯中的发展是一个有趣的问题。Steven Feiner 博士已经在增强现实课题研究和实验中投入了 20 多年时间,发表了大量的论文,我向他提出了下面几个问题:增强现实技术的研究和发展已经达到他的期望了吗? 增强现实技术的发展是较慢还是较快? 或者是沿着与他的期望一致的路线发展? 我猜测,Steven Feiner 博士一定会轻声笑出来,显然,事情从来都不会按照人们的期望去发展。Steven Feiner 博士认为,学术界的科学家们对于他们从事的技术研究往往过于雄心勃勃,他承认他自己也不例外。在 20 世纪 90 年代初,他对 2000 年时增强现实的发展情况有他自己的先入为主的预测,特别预测了基于增强现实的军事维修将如何工作并成为一种现代标准。因为这些系统是他在 20 世纪 90 年代初构建的,属于功能概念模型,所以他不准备大量推广。他解释说,不能仅仅靠技术先进来获得成功,必须使该项技术应用具有足够规模以降低成本;必须能够把它销售给需要使用它的客户,因此它不能让客户看起来觉得怪怪的。普及推广增强现实存在很多障碍,其中有些障碍不是技术原因,而是经营模式的原因。Steven Feiner 博士承认,当时他并不理解那些事情,但是现在他已经领悟了。他开玩笑地说，他可能至今还不理解它。他把诸如 20 世纪 70 年代末 80 年代初的日本索尼公司 Betamax 格式与松下公司 VHS 格式之间的家庭录像机格式竞争作为典型案例。有时候与其说是技术，不如说是经营模式促使产品成功。

Steven Feiner 博士对增强现实的发展近况非常兴奋，尽管他对增强现实未来发展进行具体预测时显得有些顾虑，但是仍然期望未来十年会出现一些奇妙的事物。

向 Steven Feiner 博士提出的另一个问题是：增强现实将会改变社会文化，或者对它产生影响吗？Steven Feiner 博士认为，人们将会看到很多不同的变化，并且以手机如何改变社会文化为例做了回答。Steven Feiner 博士指出，现在人们坐地铁时听手机中的音乐，这种场景在 20 世纪 50 年代是看不到的。在一场激烈讨论中，人们很少会中途停下来登录谷歌网站寻找更多与讨论主题有关的数据或者信息。手机给社会带来了很大变化，诸如此类变化，像增强现实这样的技术也能够产生。因为技术的原因，有很多事物发生了改变。现在正在谈论的这项技术，可能每时每刻都伴随你左右。例如，我穿戴一件物品，通过它不但可以听音乐，而且可以看到周围的景物并听到其中的声音。它能够跟踪我的位置和前进方向，把向我走来的人的信息叠加显示并提醒我他们是谁。当我在街上行走时，它会帮助我，我不必拿出地图让自己看起来像是个迷路的旅行者，尽管我的确是个迷路的旅行者。而且，我能够找到正确的方向，到达我以前从未去过的饭店，能做到这些是因为我穿戴的这件物品显示少量额外的图形并发出声音，引导我来到这家饭店。Steven Feiner 博士使用脸谱网作为案例进行说明，例如你能够在脸谱网的网页上显示你的生日。通常只有一些亲密的朋友可能知道你的生日，但是使用脸谱网之后，你的所有朋友都会知道你的生日，他们中的一些人会给你生日祝福。多年前人们通常做不到这一点，因为当时的科技无法为他们提供这些信息。现在设想一下，假如你有一个虚拟角色和一套虚拟信息，而且这些能够通过人脸识别与你关联起来。你可以让这个虚拟角色或者这套虚拟信息与你的面部特征绑定，并且同意让公众看到。当公众使用具有增强现实功能的设备(使用人脸识别)扫描你时，他们能够看到你提供给他们的可识别的信息。可能会有一顶虚拟的生日帽子突然出现在你的头上，或者弹出一个虚拟按钮，让人们向你询问你现在的年龄。那时候，如果他们也具有增强现实功能的话，他们就会问候你，并祝你生日快乐。随后，一些具有这项技术和功能的其他人看到你的公开信息，也会问候你。最后，如果有人只问候你但没有祝你生日快乐，那么你会认为这个人没有礼貌。这有希望成为另一个人的基本技术能力和社会的新规范。

Steven Feiner 博士看到自己继续积极研究增强现实，并受益于增强现实维修项目的研究经费。他取得了美国海军研究局的信任，成为高级小组成员之一，该小组已经认识到增强现实研究的重要性，并且资助了一些大项目。他希望能够从所有不同的研究机构中获得资助，这样就可以普及增强现实技术。他希望从现在开始

5 年内能够开发出一些非常有趣的头戴式显示器。在增强现实研究领域中，Steven Feiner 博士是名副其实的研究先驱，而且也是增强现实早期创新者之一。Steven Feiner 博士是哥伦比亚大学的财富，在这场技术革命中他将继续大踏步前进。

5.1.2　Ori Inbar

我非常幸运能够访问"增强现实在纽约"组织的策划者 Ori Inbar，他也是增强现实游戏的创业型公司 Ogmento 的首席执行官。Ori Inbar 认为，增强现实是把图形以一种有意义的方式实时地叠加在真实世界的物体上。正如 Ori Inbar 解释的那样，理解你看到了何物，你身处何处，利用你所有的感官，以一种以前从未经历过的方式去理解世界，这些对所有人来说，都是一个挑战。Ori Inbar 在 2007 年进入增强现实领域，那时候他意识到他不想看到他的孩子们整天无所事事地坐在沙发上。他总是看见孩子们坐在电脑屏幕前玩游戏，或者上网冲浪，这些使得孩子们在现实世界中毫无生气。他的孩子们全神贯注地盯着传统游戏，就像今天很多小孩子那样，而这种案牍生活对孩子们来说是事与愿违的。他设想了一种方式，利用增强现实令人难以置信的潜力，让他的孩子们离开沙发，在有趣的游戏环境中探究世界，体验移动增强现实环境。他知道，借助增强现实，能够彻底改变那些吸引孩子们上网、玩游戏的传统事物，使它们转变成一种促进孩子身心发展的更健康的互动机会。Ori Inbar 听说过科学术语"增强现实"，它看起来像是一个隐藏的秘密，一直在实验室环境里被人们研究，并且研究了很久，但是尚未在现实世界中展现出它的真正潜力。他的任务变成了去寻找一种能够把这项技术带给所有人的方法。这个想法促使 Ori Inbar 创立了增强现实博客"户外游戏"，这个博客现在仍然人气很旺，它推动增强现实游戏理念跟随 Ori Inbar 的激情发展。《纽约时报》把 Ori Inbar 的博客描述成"领先的增强现实新闻博客"。这是因为 Ori Inbar 凭借自己的激情，加入了一个增强现实爱好者的小群体，这个群体后来发展成为一个增强现实讨论群，包括其他研究者、开发者和增强现实创业型公司。他把自己的博客当做平台，讨论增强现实的发展情况，并与其他对增强现实感兴趣的成员合作。在此期间，iPhone 手机问世了，Ori Inbar 认为 iPhone 手机能够成为增强现实未来的可取之处。增强现实成员与 Ori Inbar 一起请求苹果公司开放他们的 iPhone 手机摄像头的 API（应用程序编程接口），让增强现实开发者能够创建移动增强现实应用软件。尽管苹果公司从未正式回应，但是三个月后苹果公司开放了他们的 API，为世人提供了创建神奇的增强现实应用软件的机会。Wikitude 和 Layar 公司抓住机会，在苹果公司的开发平台上建立了他们的第一个增强现实应用软件。尽管人们不知道 Ori Inbar 和他的成员对苹果公司施加了什么影响，但是增强现实能够在苹果公司的开发平台上蓬勃发展却是不争的事实。

2008 年，Ori Inbar 出席了纽约科技会议，这次会议有五个关于创新技术的报告和演示。Ori Inbar 从这次见面会获得的经验使他萌发了组建"增强现实在纽约"组织的想法。Ori Inbar 与 Chris Grayson、Tish Shute 和 Patrick O'Shaughnessey 等人合作,"增强现实在纽约"见面会的发展速度加快,不久就成为一个繁荣的场所,荟萃了增强现实研究者、新创企业和对增强现实感兴趣的成员,在这里他们能够讨论增强现实的进展情况。"增强现实在纽约"组织负责全世界与增强现实有关的会议,这导致了 Chris Grayson 资助网站 ARmeetup.org,这个网站高亮显示了全世界所有与增强现实有关的会议。在后续章节里,当介绍 Chris Grayson 的时候会详细介绍这个网站。

　　ISMAR(混合与增强现实国际研讨会)是一个比较关注增强现实理论的群体。尽管 Ori Inbar 认识到 ISMAR 会议的重要性,但是他仍然打算创立一个集中讨论增强现实在工业领域中的应用而非理论的新会议。2010 年,在美国加利福尼亚州圣克拉拉市成功召开了第一届"增强现实活动 ARE"年会,在 2011 年召开了第二届 ARE 年会。ARE 年会是来自全世界的增强现实专业人士的规模最大的聚会,其目的是通过会议形式把增强现实专业人士聚集在一起,分享实验室环境之外的心得。Ori Inbar、Tish Shute 和 William Hurley 是 ARE 年会的策划者,这个会议现在已经成为在美国举办的增强现实专业人士的主要会议。

　　当谈论到 Ori Inbar 的 Ogmento 公司时,获悉该公司的任务是通过交互式真实环境中的游戏,吸引儿童和成年人离开沙发和电脑椅子,在移动环境中体验增强现实的乐趣。Ogmento 公司是世界上第一批专注于增强现实游戏开发的创业型公司之一。Ogmento 公司开发了一系列游戏,例如超自然活动:避难所、诅咒、增强现实短剧、NBA:球场之王和其他移动增强现实游戏。这些移动增强现实游戏最有趣的事情是它们属于社交游戏,玩家们能够互相竞争,也可以独自一人玩游戏。在超自然活动游戏中,玩家可以行走在任意街道上,并在他们的工作场所周围或者经常去的地方施放一个保护性魔法。他们能够与其他移动应用玩家组队,或者与来自世界各地的玩家对抗。在 2010 年 5 月末,Ogmento 公司从图表风险公司申请到 350万美元融资。Ogmento 公司作为一家发展中的创业型公司,将继续茁壮成长,拥有非常美好的明天。

　　吸引 Ori Inbar 注意力的是增强现实能够像人一样更有能力。Ori Inbar 最喜欢的电影场景之一是在电影《黑客帝国》里,当 Trinity 在直升机控制室坐下后,在几秒钟内就上传了如何驾驶直升机的信息。即时下载飞行指令、训练手册和指南,使她立刻成为一名专家级的直升机飞行员。尽管这种好莱坞剧情过于牵强,但是增强现实使用户更智能,并且几乎瞬间造就专家级人物的可能性非常大。人们将会看到,增强现实技术能够使人类智能瞬间出现惊人飞跃,进展只受限于人类的想象力。Ori Inbar 关于增强现实的口头禅是"增强现实是大脑的黑客"。增强现实能够让人类看到前所未见的景物,这种变化将会对当今世界产生深远影响,使其变得面目全非。增强现实可以让人类改造自然的能力获得飞跃。很多人也许会对 Ori Inbar 目前取得的成就感到惊讶。对此,Ori Inbar 只是说他对增强现实的爱是他的工作激情,开放性合作是未来成功的关键。他的激情促进了"增强现实在纽约"组织、户外游戏、增强现实活动年会和 Ogmento 公司的发展。增强现实社团感谢他一个小火花产生了一生热情,推动增强现实技术向前发展,为世人呈现出增强现实的神奇效果。

5.1.3 Tish Shute

Tish Shute 是另一位在增强现实领域做出重大贡献的关键人物。当谈到增强现实时,大多数人会立刻想到视觉炫耀和增强,但是 Tish Shute 认为,增强现实应该超越视觉范畴。增强现实可以增强人类智力,属于普适计算的范畴。Tish Shute 倾向于把增强现实看做是"感觉起来不同而不仅仅是看起来不同的现实"。她指出,增强现实是超越视觉素养或品质的人机智能新世界的一部分。

Tish Shute 在职业生涯早期,曾经为影视业做过特效,参与过增强现实研究。她做过运动控制的摄影工作,使用自动摄像机为科幻电影中的场景产生配准效果极佳的多层显示效果。当强大的计算机处理能力、无处不在的网络和智能手机出现的时候,她很自然地过渡到增强现实的研究领域。

UgoTrade 是她个人的"智囊团"博客,在这个博客里,她与狂热的创新者们进行了一些有意义的交谈。她认为这是一种能够利用很多不同专家见解创建个人智囊团的极佳方式。她这种方法创造了探究增强现实发展趋势的共性和多样性的机会。她的博客也把增强现实与普适计算的概念联系起来。普适计算是指计算不再束缚于笔记本电脑和台式电脑,而是基于无处不在的传感器,例如把大量传感器同时放入衣服口袋中的 iPhone 手机。现在网络正渗透到社会的每一个角落和缝隙,世界正变成人们日常生活的数字平台。Tish Shute 的博客探究了这个远远超出端到端网络和万维网的网络化世界的诸多有趣的方面。

Tish Shute 最喜欢的名言之一是美国计算机科学家 Alan Curtis Kay 说过的"预测未来最好的方法就是去创造它"。她认为,增强现实和普适计算是探究这个问题的激动人心的方法。Tish Shute 已经与 Will Wright 的智囊团——蠢人俱乐部一起从事研究与开发工作。Will Wright 是游戏产业的传奇人物,是模拟人生、模拟城市和孢子等很多成功游戏的创作者。

Tish Shute 在组织增强现实活动 ARE 年会方面也起了很大作用,这个年会在过去两年已经在美国加利福尼亚州圣克拉拉市成功召开。Chris Grayson 与 Tish Shute 和 Ori Inbar 通力合作,成功组织了 2011 年的 ARE 年会。大会发言人和非常有影响力的创新者们包括 Bruce Sterling、Jaron Lanier、Blaise Agüera y Arcas、Frank Cooper、Vernor Vinge 和 Will Wright,现场观众为之兴奋。Tish Shute 认为 Bruce

Sterling 是"增强现实的先知"之一,他连续出席了过去三届 ARE 年会,帮助巩固了 ARE 年会的重要性。科技先驱和游戏设计传奇人物 Will Wright 和 Jessie Schell 也出席了年会,Tish Shute 和其他创新者都察觉到,这两名游戏创新者推动了年会的发展,帮助激励游戏开发者,认可 ARE 年会。Tish Shute 认为,Metaio、Layar、Ogmento 和 Mobilizy 等公司早期参与移动智能手机平台上的增强现实开发工作,为增强现实产业出现提供动力起到了关键作用。Mobilizy 公司的应用软件 Wikitude 是一款早期开发的增强现实移动应用软件,这款软件能够把维基百科标签实时地叠加显示在真实环境上,也能够给用户提供向数据库中增加共享的增强现实内容的机会。

Tish Shute 认为,"增强现实的未来是数据驱动"。增强现实正在超越仅仅把图像或者简单文本叠加显示到屏幕的现状,而变成一种基于实时数据的交互方法。Tish Shute 指出,增强体验是情境感知的全部,并且使用 Leafview 软件作为案例进行了说明。Leafview 软件是由哥伦比亚大学的 Sean White 博士开发的,开发这款软件的目的是创建植物标本的数字收藏,用户使用手持式设备或者移动设备,通过增强现实视图,可以在田野里访问这个数字收藏。Leafview 软件能够识别 9 万多种植物标本,可以让研究者和外行们在田野里随手获得大量的研究数据,并能够轻松地实时识别出特定的植物种类。

Tish Shute 把由日益增长的数据所驱动的世界描述成不仅有可能看到与小鸟眼中的城市里交通和犯罪相似的数据流,而且能够看到单独的一片树叶以及它如何与世界的其他部分相连的情况。怎样才能够使人们生活的复杂世界里的庞大数据更容易访问? 很多人对这个问题非常感兴趣。增强现实是复杂世界的重要组成部分,这是因为它能够使数据与真实世界中的地点和时间实时关联,这是最有用的。当增强现实技术成熟时,它将会逐渐成为人们日常生活中不可或缺的组成部分。让 Tish Shute 感兴趣的是人们可以通过数据讲故事,以及增强现实如何使这些故事更有用、更明白易懂、更可行和更有趣。增强现实和普适计算正在创建一个真正神奇的世界,在这个神奇的世界里,人们和物体有可能会通过我们几乎想象不到的方式进行沟通。

5.1.4 Chris Grayson

当谈到增强现实时,Chris Grayson 结合他的日常工作,以电影制作为中心给出了增强现实的定义。他把增强现实定义为"对现实生活实时渲染的特殊效果"。在 20 世纪 70 年代初,Chris Grayson 的祖父曾在美国航空航天局、美国联邦航空局和其他组织工作过,他祖父当时在这些机构里使用过尖端技术的经历,对他日后成长影响很大,因此他自称"科技迷"。20 世纪 80 年代和 90 年代,Chris Grayson 痴迷于阅读涉及虚拟现实主题的计算机文化杂志《Mondo 2000》,这使他受到了一定程度上的影响。在《Mondo 2000》和计算机文化传媒的影响下,美国《连线》杂志诞生并获得了很大发展。Chris Grayson 回忆起科技杂志《小发明世界》1994 年 1 月版上有一篇介绍一种称为"虚拟视觉"产品的文章,这篇文章描述了一种可以嵌入视频的眼镜,这种眼镜能够在实时环境里叠加显示图像。这个关于增强现实消费级产品的描述,是最早影响 Chris Grayson 的增强现实理念的展示之一。有必要仔细回顾一下 Chris Grayson 影响增强现实领域的历程。在 2009 年的纽约 ARDevCamp 活动中,Chris Grayson 第一次被引见给 Ori Inbar 和 Tish Shute。正是这次见面,使这几位增强现实先驱萌发了召开第一届"增强现实在纽约"会议的想法。Chris Grayson 注意到,在纽约 ARDevCamp 活动期间,有人打开了他们笔记本电脑的摄像头,对这次活动进行了现场直播。Ori Inbar 欣赏这个理念,认为这是直播"增强现实在纽约"会议的好方法。因为 Chris Grayson 在这方面有经验,所以他自告奋勇去做这件事。Chris Grayson 对 ARDevCamp 活动的 Wiki 设置方法很欣赏,打算构建一个组织良好的视频平台,帮助愿意学习和分享增强现实的人们,这就是创建 ARmeetup 网站的原因。同时,Chris Grayson 把其他增强现实会议的信息集中起来,放在这个网站的顶栏上。这个网站设有论坛,用户们可以发表评论,而且能够找到增强现实相关会议的存档资料。ARmeetup 网站与世界各地(例如美国洛杉矶、加拿大多伦多、美国旧金山、英国伦敦、曼彻斯特、美国罗利、澳大利亚悉尼、美国芝加哥和新西兰)所有的增强现实会议进行了链接,成为一站式的网站。令人吃惊的是,Chris Grayson 梦想通过 Ustream 对会议进行现场直播。现在一些身处世界偏远地区的增强现实爱好者能够看到会议现场直播,好像他们就在会议现场似的。对于增强现实爱好者而言,这是一个巨大的资源,因为他们能够看到会议现场直播或者已经存档的会议录像。对于来自世界各地的增强现实爱好者来说,这里是了解增强现实发展的好处所。ARmeetup 网站的目标是成为一个全世界不同会议组的人们进行交流和信息共享的简单平台。Chris Grayson 受雇于纽约市 Humble 制片公司,这家公司做过一些把增强现实与人脸识别相结合的项目。Chris Grayson 是"Tedx 硅巷"的创始人,使用基本的互联网搜索能够轻易地找到它。2011 年,Chris Grayson 的微博被提名为与增强现实有关的 25 个最具影响力人物微博之一,这是世界上最大的增强现实微博信息源的汇集地。

　　Chris Grayson 认为最重要的技术相似理由之一是:"增强现实等价于美国国防部高级研究计划署对计算机网络的最初设想"。那么这句话的含义是什么?他解释说,如果回顾互联网的形成历史,就会发现互联网的形成与增强现实的未来之路之间存在很多相似之处。Chris Grayson 认为,通过增强现实拥有的绝对潜力,最终能够实现早期创新者们的梦想。Chris Grayson 开始阐述他的理论,说如果回顾互联网的历史,会发现它的最初概念不是万维网和精巧的互联网浏览器界面。早期撰写的与互联网有关的科学论文是基于概念和理论的。那时候图形用户界面还没有出现,但是这些创新者们设想了一个网络,在这个网络里,任何特定的人都能够立刻获得全世界的信息。他们意识到未来网络能够覆盖全世界的每一个角落。随着概念与理论观点转变成真正的硬件发展,以及编程和网络的成功,诞生了美国高级研究计划署网络。Chris Grayson 引用了 1962 年 Douglas Engelbart 的题目为《增强人类智力》的文章。这是一篇很有见地的文章,叙述了在使用技术来增强以生物为基础的内存的情况下,人类的智力将会如何变化。借助超越人类能力的数字存储技术,能够让人们拥有随时回忆一个庞大数据库内存的能力。尽管现代互联网在一定程度上取得了这一成功,但是增强现实把它带到了全新的水平。Chris Grayson 的主要论点是,美国高级研究计划署网络形成互联网的历程,能够与增强现实当前的进程相比较。尽管大多数人认为增强现实是新事物,但事实上它并不是新事物,而是一种不被当时能力支持的技术。当时受人机交互界面所限,无法实现这项技术。毋庸置疑的是,只有当前硬件的微型化,才能保证在技术实现上更接近这些原创理论。在由 Michael J Fox 和 Christopher Lloyd 主演的电影《回到未来》中,Christopher Lloyd 扮演的 Brown 博士在 1955 年没有拿到钚,因此无法为时间旅行机的心脏——通量电容器充电。他需要用闪电代替钚,产生功率为 1210 吉瓦的电流去启动时间机器,把 Marty 送回 1985 年。今天的带宽、微处理器、微型计算形式因素、高端视频、GPS 定位和许多其他因素,是增强现实取得成功所需要的"钚"。当谈到增强现实未来时,如果可以拥有像日本 DoCoMo 公司的"增强现实步行者"一样的增强现实转换设备,Chris Grayson 将不会感到惊讶。这种设备夹在人的眼镜上,在人的眼睛前方有一个小的单目式屏幕。当用户转动头部环顾四周时,这种设备能够显示增强现实类型的画面,如图 5.2 所示。

图 5.2　DoCoMo 公司的增强现实步行者

他认为,与蓝牙标准的普及相似,因为人们放在衣服口袋里的设备与附带的增强现实图形夹显示器之间需要高数据率传输视频,所以这些设备的应用会非常广泛。他预言,在接下来的几年里,会有一系列的产品沿着这条路线投放市场。这些转换设备将产生真正把增强现实技术嵌入眼镜中的更为稳健的产品。很难预测产品投放市场的时间节点,但是 Chris Grayson 期望 6~8 年就能实现。Chris Grayson 认为,当增强现实发生真正转变的时候,不会有人再把它称为增强现实了。特别是在移动领域,增强现实用户界面将最终成为移动设备的标准用户界面。从那一刻开始,它将成为普适移动计算界面。这有可能是增强现实未来十年的发展蓝图。

5.1.5　Helen Papagiannis

另一位增强现实艺术世界的后起之秀是 Helen Papagiannis。她是一位艺术家、设计师、博士研究员、顾问以及关于增强现实话题的国际发言者。Helen Papagiannis 环游过世界,宣传增强现实的力量以及它对艺术的影响。当人们第一次接触增强现实时,已经有很多人向 Helen Papagiannis 发问,例如增强现实如何工作,以及新手应该期待从这个陌生的概念得到什么。Helen Papagiannis 已经成为非官方的"增强现实传教士",传播有关增强现实如何塑造富有想象力灵魂的好消息。她看到增强现实活动发展壮大,她的作用与激情已经拔得头筹,她教育并启迪大众如何扩展增强现实,使它成为一种新的视觉媒体。她认为,增强现实能够影响设计师和故事作者的创造能力和艺术视角,并且可以改善人类的生存状态。Helen Papagiannis 把增强现实定义为"诸如文本、音频、视频和动画等数字元素在现实之上的分层显示,并且这些数字元素可以实时交互"。

Helen Papagiannis 有设计行业背景,她在 2005 年研究生学习期间接触了增强现实的概念。她以前听说过虚拟现实,但是后来对增强现实有了求知欲,并且积极研究增强现实。她很快就发现增强现实在设计、艺术以及前所未见的视觉新媒体等方面的潜力。她体验过的第一个增强现实示例对她影响很大,触发了她对如何发展艺术、设计和讲故事的好奇心。

在她看来,增强现实的最值得称道的特性是它能够让无形的东西可见,这是艺术能够在增强现实领域中蓬勃发展的原因。Helen Papagiannis 也对增强现实如何与触觉密切相关兴奋不已。她说,到目前为止,只有增强现实的触觉元素是真实存在于现实世界中。但是,增强现实触觉已经彻底改变了,因为现在人们能够接触并改变虚拟物体,而且能够即时获得反馈。

Helen Papagiannis 在 2011 年混合与增强现实国际研讨会(ISMAR)做报告时,关注艺术家群体,并把增强现实作为一种新媒体向他们推介。她的报告的一个主要目标是影响艺术家和故事作者,以及其他有创造力的人,让他们更多地参与到增强现实中来。许多像这样的创新人才可能不需要有技术背景或者编程背景。通过在艺术家与增强现实技术团体之间建立对话,她希望把增强现实当做一种新媒介,推动它向前发展。她要求艺术界提出问题,合作研发艺术家和故事作者需要的工具,这些工具对理解增强现实的具体功能和独特属性是至关重要的。Helen Papagiannis 认为增强现实当前的定位几乎与 100 年前电影的定位相同。

Helen Papagiannis 的艺术灵感来源于 Georges Méliès。他利用自己是魔术师的背景,帮助改变早期电影,并且成为一名成功的电影导演。Georges Méliès 把他的魔术技巧和创意带到电影舞台上。在 Helen Papagiannis 眼里,他是真正的先驱者和创新者。他熟悉怎样拍摄魔幻电影,怎样在电影中加入真正的奇迹。Helen Papagiannis 希望利用和控制其他成功媒介的那些独特的特性,通过增强现实创建全新的事物。她意识到,当有更多的增强现实工具可供使用时,就会出现更多的艺术家,艺术在增强现实团体中的影响也会日益扩大,因此这些艺术家们能够直接使用增强现实进行工作。Helen Papagiannis 的博客“增强故事”是了解她和她的研究工作的好地方,下面列出了她的博客网址:

http://arnews.tv/ARnewsTV.

http://www.arshowcase.com/.

http://www.scoop.it/t/augmented – reality – the – future – of – the – internet.

5.2　专门研究增强现实的公司

5.2.1　Total Immersion

Total Immersion 公司成立于 1998 年,提供应用最广泛的商务增强现实平台,如图 5.3 所示。Total Immersion 公司致力于创建丰富的和身临其境的环境,这模糊了真实世界与虚拟世界之间游戏设置的界限。在过去两年里,Total Immersion 公司利用其专有专利平台,促进了 1000 多个项目的实施。Total Immersion 公司被认为是增强现实软件和产品的市场领导者,它正成长为全球化公司,为越来越多的国际客户提供服务,包括主要的广告代理商和财富 500 强品牌产业,涉足行业范围从汽车、电子商务、新闻传媒、娱乐、玩具和眼镜到服装、装饰品、食品和饮料。公司网址为:www.t – immersion.com。

5.2.2　Google X

Google X 是谷歌公司的研发实验室,当前他们正致力于研究交互式平视显示器“谷歌眼镜”,在增强现实领域里关于这种显示器的传言数量惊人。在 2012 年,谷歌公司取得了重大进展,计划在 2013 年推出谷歌眼镜。谷歌眼镜诞生的原因可能是为了试图解决一个有趣的、具有挑战性的问题:试图让人们获取专门技术以解

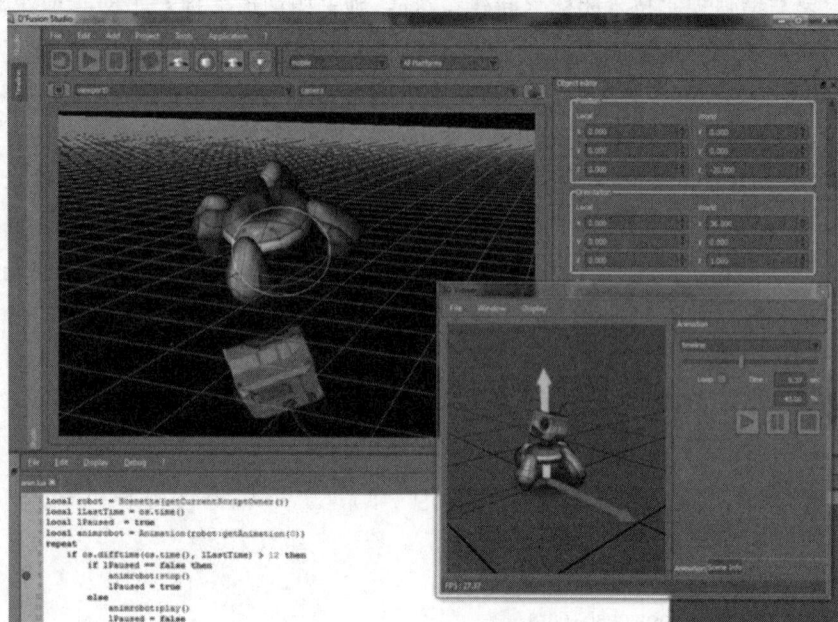

图 5.3   D'Fusion 工作室界面

决面临的现实问题。

  谷歌眼镜是一种可佩戴的、与眼镜外形相似的设备,显示器安装在右眼前方,如图 5.4 所示。它能够给佩戴者提供平视显示器的视图,并且具有视图共享和社交网络的功能,如图 5.5 所示。当前,由于没有真实存在的键盘,因此输入设备是一个相当大的挑战。谷歌公司正在实验语音激活、手势和各种类型的触摸界面。谷歌公司也非常关注社会认可和时尚潮流。如果这些网络化眼镜让人觉得不舒服,或者佩戴时让人感到很尴尬,那么人们就根本不会使用它。

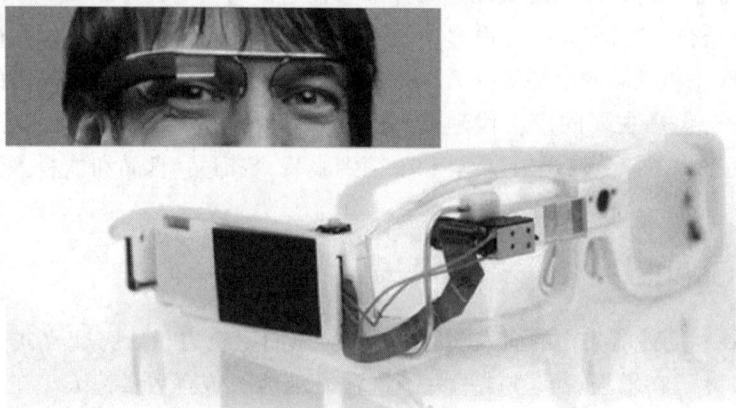

图 5.4   谷歌眼镜

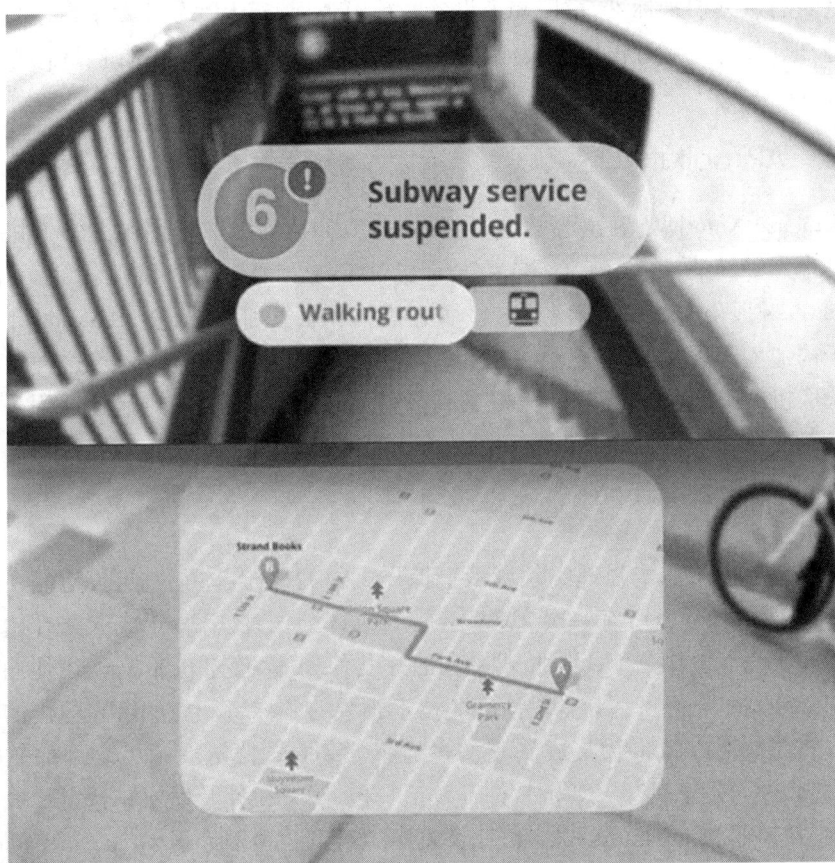

图 5.5　佩戴谷歌眼镜看到的视图

　　谷歌公司已经宣布,他们即将推出的谷歌眼镜设备的售价是 1500 美元,预计将在 2013 年初上市。

5.2.3　Gravity Jack

　　Gravity Jack 公司成立于 2009 年,组建了一支自称为梦之队的开发团队。Luke Richey 是 Gravity Jack 公司的首席执行官,他传递他们的使命,"给奶奶一个使用增强现实的理由"。现在,他们已经与 ARToolworks 公司合作,在增强现实领域中,他们是领先的技术供应商。Gravity Jack 公司的业务是给客户的产品或服务开发增强现实应用软件。他们能够创建增强现实手机游戏和社交游戏,为手机、苹果电脑和PC 机平台编写定制的增强现实应用程序。Gravity Jack 公司能够创建人脸识别应用程序,或者让增强现实为他们的客户提供叠加显示。Gravity Jack 公司使用了SiREAL 世界增强现实开发平台。SiREAL 开发平台以室内定位系统作为特色,这种室内定位系统可以在室内创建网格,据此检测设备在室内的精确位置。这就像使用室内的射频识别标签,可以知道设备的精确坐标。SiREAL 开发平台还具有即时映射、地理定位、接近报警和其他功能特性,详情可以查询公司网址:http://gravityjack.com。

5.2.4　ARToolKit

Hirokazu Kato 博士独出心裁地开发了 ARToolKit。美国华盛顿大学人机接口技术实验室、新西兰坎特伯雷大学人机接口技术实验室和美国西雅图的 ARToolworks 股份有限公司,现在这些研究机构和公司都支持它。ARToolKit 是一种用于构建增强现实应用程序的软件库。它使用正方形标识物模板,这种模板能够被单像机跟踪定位。ARToolKit 是免费软件库,可以在非商业用途的通用公共授权条件下发布。

5.2.5　Metaio

Metaio 是一家在增强现实领域从事惊人工作的德国公司。现在,他们在美国加利福尼亚州旧金山市有一次商业活动。Metaio 公司在 1999 年成立并开始从事增强现实研究。他们是 Metaio 技术平台的开发者,声称拥有 1000 万使用他们技术的用户。Metaio 公司自认为是增强现实技术领域的领导者和先驱者。他们的愿望是能够轻易地把虚拟事物集成到真实世界里。Metaio 公司展示了全部的软件套件:手机软件开发工具包、PC 机软件开发工具包、网络软件开发工具包、设计、创建器、工程管理器和 Junaio 浏览器插件,详情可以查询公司网址:www. metaio. com。

Metaio 创建器是一款拖放式增强现实软件产品,可以让用户在大约 5 分钟内创建一个完整的增强现实场景。这个工具可以用于增强印刷和出版行业的增强现实技术媒体。Metaio 创建器使用一个简单的三步工作流程,如图 5.6 所示。

图 5.6　Metaio 创建器界面

Metaio 公司开发了 Junaio 增强现实浏览器,这款浏览器是为定制的移动增强现实应用开发的。它显示能够被第三方应用软件使用的 Junaio 信道,这些信道能够利用基于位置的增强现实来显示感兴趣的地点。详细介绍 Junaio 浏览器信息的网址是:www. junaio. com。

5.2.6　SPRX Mobile

SPRX Mobile 是另一家大众化的增强现实公司,总部设在荷兰。这家公司的历史是从 2007 年开始的,当时三名合伙人聚在一起,形成三人小组,在 2008 年发布了 Layar 浏览器软件。Vernor Vinge 的长篇科幻小说《彩虹尽头》激励公司去探究增强现实技术。SPRX Mobile 公司开发了 Layar 手机版的增强现实浏览器,这种浏览器可以用数字信息增强真实世界,并且它的安装次数已经超过 1000 万次。第三方开发者能够在他们开放的移动平台上发布增强现实内容,网址是:www. layar. com。

5.3　增强现实工具

表 5.1 列出了增强现实工具及其网址。

表 5.1　增强现实工具及其网址

序号	增强现实工具	网　址
1	ARSights	http://www. arsights. com/
2	ARToolKit Plus	http://studierstube. icg. tugraz. at/handheld_ar/artoolkitplus. php
3	ARToolKit	http://artoolkit - tools. sourceforge. net/
4	OSGART	http://www. artoolworks. com/community/osgart/
5	ATOMIC	http://sourceforge. net/projects/atomic - project/
6	Augmented Reality Interface	http://ari. sourceforge. net/
7	CCV Community Beta	http://ccv. nuigroup. com/
8	DART	http://www. cc. gatech. edu/projects/dart/
9	Goblin XNA	http://graphics. cs. columbia. edu/projects/goblin/
10	Layar Player SDK	http://www. layar. com/player/
11	NyARToolkit	http://nyatla. jp/nyartoolkit/wiki/index. php? FrontPage. en
12	OpenCV - AR	http://sourceforge. net/projects/opencv - ar/
13	AR SDK	http://sourceforge. net/projects/opencv - ar/
14	SimpleAugmentedReality	http://sourceforge. net/projects/simpleaugmented/
15	SLARToolkit	http://slartoolkit. codeplex. com/
16	SudaRA	http://sourceforge. net/projects/sudara/
17	Touchless SDK	http://touchless. codeplex. com/

5.4　增强现实博客

表 5.2 列出了增强现实博客及其网址。

表 5.2　增强现实博客及其网址

序号	增强现实博客	网址
1	Augmented Reality Dirt Podcast & Blog	http://www.ardirt.com/
2	Augmentation	http://augmentation.wordpress.com/
3	Augmented Blog	http://augmentedblog.wordpress.com/
4	Augmented.org	http://www.augmented.org/blog/
5	Augmented Legality Blog	http://www.augmentedlegality.com/
6	Augmented Times	http://artimes.rouli.net/
7	Games Alfresco	http://gamesalfresco.com/
8	Kzero Blog	http://www.kzero.co.uk/blog/category/augmented-reality/
9	Medical Augmented Reality Blog	http://medicalaugmentedreality.com/
10	Augmented Reality Overview Blog	http://augmentedrealityoverview.blogspot.com/

5.5　本章小结

　　本章介绍了一些推动增强现实朝积极方向发展的团队、创新者和资源。人们每天都能够发现增强现实的新应用,以及一些新的创业型公司成立,明了对于社会发展而言,增强现实具有开创性潜力。尽管增强现实已经存在几十年了,但是它最近的影响和发展被定位成前所未有的技术革新。通过增强现实协作、见面会和全球共享,已经创建了一个拓展增强现实应用并使增强现实产品主流化的群体。智能手机和移动平台正在为应用软件和公众的实际使用创造新的机遇。本章重点阐述了快速改变增强现实和数字景观的团队、组织和创新者的影响。

第6章
增强现实的展望

本章介绍如下内容：
(1) 社会发展趋势；
(2) 技术趋势；
(3) 增强现实的未来概念；
(4) 增强现实隐形眼镜。

6.1　引言与第五次康德拉季耶夫波

6.1.1　引言

到目前为止，本书已经介绍了当今增强现实的各个方面。在本章里，将后退几步，看一些发生在身边的较大的全球性的社会趋势，以及它们将对增强现实产生怎样的影响。首先探究当前的经济和社会趋势，然后重点关注技术趋势和一些直接支持增强现实及其继续使用的现有技术和新兴技术。本章最后部分给出了结论，从现在起到 2020 年，一旦其他技术被开发用于实际应用，将会把增强现实推到令人难以置信的新高度。

6.1.2　第五次康德拉季耶夫波

K 波是康德拉季耶夫波的简称，它是在现代世界经济中重复出现的技术经济周期。俄国经济学家 Nikolai Kondratieff 在 1925 年首次发现 K 波，每一个波的长度均在 40 年和 60 年之间。这些波始终遵循新的技术与产业发展的周期，同时摧毁先于它们出现的过时的技术与产业。

从 1771 年工业革命开始，已经出现了五次 K 波：

第一次 K 波：1771 年，工业革命；

第二次 K 波：1829 年，蒸汽机和铁路；

第三次 K 波：1875 年，钢铁和重型机器制造业；

第四次 K 波：1908 年，石油、汽车和大量生产；

第五次 K 波：1971 年，信息技术。

在第五次 K 波中,大约每十年会出现额外的小波。并且每隔十年,都会出现一项一直推动科技进步的使能技术。它开始于 20 世纪 70 年代,那时候企业开始使用微处理器。在 20 世纪 80 年代,出现了个人计算机,永远改变了企业格局,并把计算机带进家庭。在 20 世纪 90 年代,激光通信和光介质成为网络化和新型电讯的使能技术,预示着互联网时代已经到来。

在 21 世纪的第一个十年里,从射频识别芯片到移动设备,广泛使用价格便宜的传感器,扩大了全球定位系统的应用范围。

在 21 世纪的第二个十年里,先进自动化技术很有可能成为使能技术,例如红盒子售货亭、自助式购物通道和无人驾驶汽车自动化系统等。此外,由于前 40 年的积累,出现了三股力量,它们将继续推进技术向前发展。第一股力量是廉价计算设备,广泛用于个人计算机、移动电话和车载计算机系统;第二股力量是不断增加的可用带宽,可以把所有人和所有事物连接起来;第三股力量是持续增长的开放标准,可以对越来越多的系统进行互联。

所有这一切的动力,保证了持续发展几乎不受任何限制。在今天的技术条件下,进步如此之快,以至于它们已经超过了可以利用它们的应用程序。继续完善和发展增强现实的理想条件是许多其他的颠覆性技术。

6.2 社会发展趋势

本节将涉及一些不但塑造技术而且塑造社会的大趋势。这些趋势会在极大程度上影响人们选择使用何种技术,并且决定人们未来生活和工作的方式。本节将介绍出现的新生代、大学里发生的变化以及正在变成学习工具的电子游戏。

6.2.1 C 世代:联络代

正如人们所见,大多数人很容易知道,技术继续加速融入人们的日常生活。这些工具已经改变了人们处理公事和私事时进行交流和使用信息的方式。在发达国家里,当人们从电话开始接受这些技术时,它们多半会通过改变人们现有的习惯和生活方式来提供服务。

今天,一个新生代出现了,他们从未经历过没有互联网、移动设备和社交网络的生活,他们从根本上不同于以前的几代人。这一代是在 1990 年后出生,在 2000 年后度过了他们的青春期,他们被称为"联络代"或者 C 世代,这是因为他们不断地联络、通信、社交、搜索和鼠标点击。他们都有移动电话,但是他们更喜欢发短信,而不是在电话里与人交谈。他们的许多社会交往发生在互联网上,他们觉得在那里可以自由地表达自己的意见和态度。

到 2020 年,他们将占美国、欧洲和金砖四国(巴西、俄罗斯、印度和中国)人口

的 40%,占世界其他国家人口的 10%。届时,他们将形成全球最大的单身消费群
体。消费者购买力和他们熟悉的技术,以及他们希望保持与家庭成员、朋友、商务
往来和有共同兴趣的人形成的庞大关系网之间的联系,这些因素组合在一起,将会
改变社会运行和消费的方式。

当 C 世代在这十年里开始自己事业的时候,来自 20 世纪的传统也将开始逐渐
消失。今天,有七千七百万婴儿潮期间出生的美国人开始达到规定的退休年龄。
X 世代已经工作了几十年,下一个群体称为 Y 世代,他们正在进入职场。Y 世代喜
欢从事多项任务,他们很容易感到无聊,而且他们喜欢变化。Y 世代与 C 世代有很
多共同之处,这将对 C 世代成员如何使用通信技术、如何访问和使用信息与娱乐以
及如何相互作用产生广泛的影响。在接下来的十年里,这些影响将部分取决于技
术的进步和发展。

在整整一代里发生了根本性的变化,产生了一个有趣的问题:"这会为增强现
实的发展带来什么?"这一代人在 20 世纪 90 年代没有经历过虚拟现实兴起与失败
的尝试。文化宣传并不完全准确,当时的技术基础设施只占次要地位,关键是使用
技术的人们没有像 C 世代接受今天技术那样接受它。在前几代人也与他们共享这
些技术的时候,联络代就会产生常见的连接心态,他们将会以人类历史上独一无二
的方式变得与众不同。正是这种独特性,促进了现有技术以从未示人的新颖方式
发展。

6.2.2　发展中的大学

由于商业、教育和科技不断交叉发展,因此出现了一种瓦解传统的 19 世纪教
育模式的新趋势,这种趋势就是网络与教育相结合。美国教育部进行了一项长达
12 年的研究,他们的结论是网络教学比传统课堂教学更有效。这是由于上网学生
对网络环境熟悉并感到舒适,而且他们不必面对权威人物。今天,许多大学提供网
络远程学习学位课程,允许任意定制课程及学习进度,改变了教育体验,彻底打破
了传统的通用课程模式。这种新的教育模式也能够对学生进一步学习提出相关建
议,大大提高了学习速度和学习效率。此外,这些基于网络的自适应系统可以快速
地移植到移动设备上,并且能够适应增强现实环境。

伴随着教育中的这种变化趋势,其他因素也将有助于教育和培训的演变。这
些被大学和公司倡导的工具和方法,开始以它们的方式对中小学教育发挥作用。
Clayton Christensen 在他的著作《颠覆性授课》中强调,这些新技术提供了打破现行
的 19 世纪教育模式的可能性,并以企业培训结果作为导向,对 K - 12 公共教育机
构发挥作用。

在 2012 年,电子游戏类型的培训项目开始变革职业培训和其他生活技能的开
发。如第 3 章所述,增强现实电影《证人》可以用于教育目的,它不仅仅是职业化进

程,而且还包括如何同时与不同类型的人和环境进行交互。另一个更加熟悉的例子是航空公司飞行员,几十年来他们一直使用飞行模拟器来练习技能,现在他们需要驾驶真正的飞机。下一节"电子游戏:学习工具"将进一步探讨这个话题。

《决策+商业》杂志着重报道了最近进行的一项研究,这项研究表明,尽管公司经历了裁员与重组,但是精明的管理人员仍然把教育看做是未来发展的机遇,至少有下面五个原因:

(1)教育可以提高生产力。

(2)教育可以提高员工的工作能力,并让他们掌握更多的专业技能,从而提高公司的竞争优势。

(3)学习可以提高员工的士气,因为员工们意识到,公司不但力求自身壮大,而且把员工利益也考虑在内。

(4)向知识经济转型。在19世纪的企业模式里,企业是通过机械式的任务对员工进行训练,然后让员工简单地重复这项工作直到退休。今天,员工们必须具有批判性思维和分析性思维,能够解决问题,能够创新。

(5)婴儿潮一代的老龄化。

成功的公司会使用这种新的教育模式,这对习惯于网上交流的年纪较小的员工有吸引力。除了网上学习和游戏以外,对等学习也是这个趋势的一部分。对等学习可以大规模定制学习材料,这为员工们提供了与他人分享知识与经验的机会。这也可以让员工按照自己的时间表访问学习资料,尽量减少学习对正常企业经营的影响。随着这种趋势的发展,增强现实将辅助这一新的培训和教育模式。

6.2.3　电子游戏:学习工具

今天,最新的研究结果表明,电子游戏不仅不浪费时间,而且实际上是一种功能强大的学习工具。很多人可能会对这个研究结果感到惊讶,但是电子游戏未来真的有可能会把他们这一代人中的一部分培养成为最熟练、最富有成效和最成功的执行者。

统计数据显示,当今美国年青人使用电子游戏的广泛程度如下:

(1)6岁前,30%的儿童玩过电子游戏;

(2)8~12岁的儿童平均每周玩13个小时的电子游戏;

(3)13~18岁的年青人平均每周玩14个小时的电子游戏;

(4)大一新生平均花费1万小时玩电子游戏,只花5千小时读书;

(5)超过80%的8~19岁的年青人家里至少有一台游戏机;

(6)在美国,2006年的电子游戏、计算机游戏以及游戏机的销售额超过100亿美元。

众所周知,计算机游戏很受欢迎,但是什么能够使它们成为给儿童和青少年传授以后就业需要擅长的专业技能的一种积极的力量呢？简单地说,电子游戏玩家必须处理多个信息流,正如现实世界里大脑的运作那样。认知科学家们发现,玩电子游戏实际上有助于发展重要的心智技能,例如专注力、系统思维和耐心。美国科学家联合会也赞同电子游戏是一种传授包括战略思维、解决问题、适应快速变化、形成与执行计划以及分析信息等高级智力技能的方法。

这些新发现表明,增强现实游戏在娱乐和教育方面具有相当大的潜力。使用这样一种方式设计电子游戏,实际上利用了学习的关键原则之一,即"常规强化训练能力"。这意味着游戏变得越来越具有挑战性,因为玩家可以通过更简单的方法获得能力。而且,游戏创建了一定的平衡,玩家不会因为在游戏中做得很好而对游戏感到乏味,也不会因为游戏太难让玩家感到沮丧而放弃。把握住这个新趋势,电子游戏迟早会给企业界带来非凡的技能。这些情况正如作者 John C Beck 和 Mitchell Wade 在书《孩子们都很好:玩家一代如何改变工作环境》中所述。

新技能包括以下几个方面:

(1) 发展一种能够解决多任务的前所未有的能力;

(2) 非常看重专家的作用;

(3) 创造性地解决问题;

(4) 计算风险,知道获得良好投资回报的重要性;

(5) 不害怕竞争;

(6) 渴望成功。

今天,新员工们会更加重视工作是否能够让他们感到愉快。如果员工们是玩多人游戏长大的,那么他们就会特地寻找可以协同决策的氛围。提供这类工作环境的公司,很有可能建立和保持更加有生产力的员工队伍。

6.3　技术趋势

伴随着社会变革,在平稳地推动增强现实向前发展的同时塑造世界,仍然是值得注意的技术发展趋势。技术发展趋势包括物联网、不断扩大的电子游戏市场以及能够改善并提高增强现实系统和整体体验的各种支持技术。

6.3.1　物联网

物联网,英文名称缩写为 IoT,是指把传感器和执行器嵌入物理对象中,通过无线和有线网络进行链接,并且能够相互作用。这些网络通常使用与互联网标准相同的网络协议。物联网通过搜索、跟踪和无缝地交互操作真实物体或者虚拟物体的方式改变现实世界,并把世界作为一个统一的信息系统。

物联网在信息分析、自动化和控制领域将有广泛的影响。物联网的信息与分析功能可以通过以下途径实现：

（1）跟踪行为。

（2）创建增强态势感知。

（3）提供传感器驱动的分析方法。

物联网的自动化与控制功能可以通过以下途径实现：

（1）过程优化。

（2）优化的资源消耗。

（3）复杂的自治系统。

由列出的功能可知，增强现实将在进一步实现态势感知方面发挥最大的作用。来自部署在诸如道路和建筑物等现有基础设施里的大量传感器的数据，能够让决策者对实时事件具有敏锐的洞察力，特别是当传感器与先进显示器或者增强现实技术结合的时候。例如，保安人员能够利用视频、音频和在某些情况下的振动传感器去检测擅闯禁区的人。这些传感器也能够用于报告环境状态，例如天气和洋流。物联网的潜能只受需求所限。随着物联网和增强现实的继续发展，增强现实有可能成为物联网的主要界面之一，这与图形用户界面成为互联网界面大致相同。

6.3.2　拓展电子游戏市场

根据 PricewaterhouseCoopers 会计事务所报道，2006 年预计全世界的电子游戏软件市场交易额是 311 亿美元。把这个数据与 2006 年电影院票房收入 336 亿美元比较，可以清楚地看到电子游戏市场的规模和人气。在过去，大多数技术进步是直接或者间接地被军事需求驱动的。但是，现在情况变了。今天，许多重大的技术进步出现在商业市场。这种变化的原因是商业市场具有两个明显优于军事领域的有利条件，即市场容量和资本。产品需求产生市场容量，可以降低成本，使其价格实惠，反过来创造出更多的需求。尤其是能够自由支配的资金，可以让企业有能力冒风险去实现未经证实的想法，而政客们在使用纳税人的钱时，理论上必须三思而后行。

现在，游戏的动画和特效可以与大制作电影相媲美，并且包含了引人注目的人物角色、栩栩如生的风景和扣人心弦的情节。这些新游戏也把它们自己与电影区分开，这是因为它们是可以交互的而非被动接受的，它们可以让玩家控制角色行为、影响故事情节发展，而非仅仅坐着观看。

运动游戏定义为一种把玩游戏和做运动结合在一起的娱乐性的电子游戏，如图 6.1 所示。研究人员发现，使用运动游戏能够显著改善患有抑郁症的老年人的情绪与心理健康。由神经科学学会的报告可以得出结论，即使是在虚拟环境里，重复运动也有助于中风患者恢复手臂和手的功能。增强现实在提供娱乐的同时，可以让真实世界成为锻炼的场所，为运动游戏的用户提供丰富的体验。玩家们不会再玩那些令人昏昏欲睡的沙发土豆游戏,而会玩像艾科挑战赛这样的游戏。在这些游戏里,玩家们可以跨越真实地形,而非魔兽世界或光晕游戏中的虚拟地形。

图 6.1　Nintendo Wii 上的运动游戏

6.3.3　增强现实增强器

增强现实是许多不同技术正常运行的功能集合。随着物联网和游戏技术的发展,以及社会与人口结构的变化,下面将简要介绍一些可以让增强现实及其应用直接受益的在研技术。

1. 基于手势的远程控制

安装在个人计算机、电视机或者 DVD 播放机上的摄像机,能够自动检测并解释用户的手势,并执行它们表示的命令。这与现在看到的 Kinect 很相似。

2. 通用无线标准

随着移动电话应用的不断全球化,所有的移动电话最终都能够随时随地地使用。当这些通用无线标准成为规范时,增强现实系统将利用这些新标准。

3. 数字化身

据《福布斯》杂志报道,由数字化身形成的虚拟世界将是未来业务的重要组成部分。Parks Associates 公司是一家专业从事虚拟世界研究的公司,它预计到 2013 年将有 3300 万成年人在虚拟世界里拥有数字化身。随着这种增长的趋势,当增强现实技术变得司空见惯的时候,人们就会经常发现数字化身混在真正人群中,这也将成为司空见惯的事情。

4. 机器视觉

在未来 5~15 年里,机器视觉将更加实用、更加复杂。具有视觉功能的机器视野,远超人类视野范围,它们不但能够看到可见光波段,而且能够看到红外、紫外和多光谱波段。当能够通过一个以上的光谱带识别基于视觉线索的增强现实标识物时，它们就会更加可定制化和更加鲁棒。

5. 云计算

云计算是一种能够存储信息并能从远程提供商处得到软件服务的计算模式。云计算可以满足 C 世代通过多种设备访问虚拟生活的愿望。拥有了云计算，他们的信息和应用软件不再需要存在于指定的设备上，而是可以随时随地地通过任何设备获得。

当越来越多的支持技术不断发展并进入消费领域时，丰富的增强现实环境和实时交互的能力就会首先在游戏中显现出来。当员工在全球范围内变得更加分散的时候，企业就会使用增强现实技术。这些增强现实体验迟早会非常鲁棒，以至于在相邻房间里的团队成员也会选择在这些对象丰富的环境中见面。

6.4 增强现实的未来概念

到目前为止，通过关注增强现实的现有技术和当前趋势，本书已经讨论了增强现实的潜力，现在让我们前进到未来几十年，预见一下增强现实在未来世界里的情况。当第五次 K 波成为历史的一部分时，第六次 K 波出现并带来了"GNR 革命"，即遗传学、纳米技术和机器人技术革命，那时人们将会拥有开发和使用增强现实的全新的能力。

6.4.1 增强现实隐形眼镜

增强现实最实用的形式将是隐形眼镜。美国西雅图市华盛顿大学的生物纳米技术专家 Babak Parviz 正在努力研究开发这种隐形眼镜。Babak Parviz 已经制作了一个内嵌有无线供电 LED 的透镜。这虽然是一个进步，但是并不能表明使用这项技术能开发出何种产品。现在传统的隐形眼镜是特定形状的聚合物，用于矫正视力。Babak Parviz 打算使用这种透镜，实现一个实用的增强现实系统，集成有控制、通信和天线电路，如图 6.2 所示。这些组件最终将包括成百上千个 LED，它们会在眼睛前方形成图像，显示消息、图表和照片。一个独立的便携式设备将会把可显示的信息传递给透镜的控制电路，控制嵌入透镜中的电子设备。好消息是具有这些功能的透镜，其结构不是非常复杂。与网络接口相结合的基本图像处理功能，可以让这种隐形眼镜看到没有物理显示约束的视觉信息的全新世界。

然而，构建这种多用途的隐形眼镜，面临三个基本挑战。第一个挑战是制造工艺，因为透镜的许多零件和子系统互不兼容。这导致出现了第二个挑战，即透镜的所有零件需要微型化，并集成到体积小、有弹性且透明的聚合物里。第三个挑战是透镜对人眼必须绝对安全。

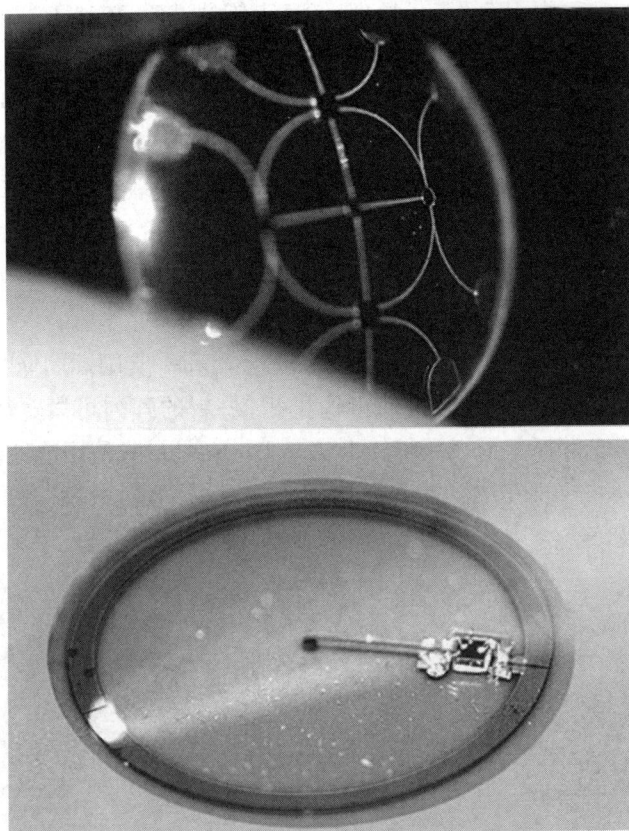

图 6.2 增强现实隐形眼镜原型

尽管存在这些挑战,但是幸运的是,构建实用的增强现实隐形眼镜所需的全部基本技术已经准备就绪。Babak Parviz 认为,他的研究的真正前景不仅仅是他想制造的实际系统,而是它究竟是显示器还是传感器或者两者兼备。他预计,将来一旦这种简陋的隐形眼镜成为真正的开发平台,就会像今天的 iPhone 手机一样,会有成千上万的开发者贡献他们的聪明才智。

6.4.2 仿生学与仿生眼

仿生学这一术语,是来自生物学和电子学的结合,它研究具有像活着的生物体或其中一部分的功能的机械系统。随着第六次 K 波的到来以及纳米技术的进步,医疗和增强体质的影响越来越大。尽管仿生眼的理念仍处于起步阶段,但已经不再是科学幻想了。Mark Humayun 是美国南加利福尼亚大学和第二视觉公司的眼科专家,不久前他帮助妇女 Jo Ann Lewis 恢复了视力。

Jo Ann Lewis 多年前患有色素性视网膜炎,这种变性疾病破坏了她眼睛中的视杆和视锥感光细胞,导致她失明。在 1992 年至 2006 年期间,Mark Humayun 在患者的帮助下,开始了解视网膜的工作机理,经过十年的试验,Mark Humayun 和同事们开发了一套他们称为 Argus 的系统。

使用 Argus 系统时,患者们需要佩戴一副墨镜,上面安装有微型摄像机,还有一部无线电发射器。视频信号被传送到戴在腰带上的电脑,转换成神经节细胞能够感知的电子脉冲模式,然后传送到搁在耳朵后面的接收器。从那里用导线把它们连接到眼睛里,眼睛里有一个由 16 个电极组成的正方形阵列,轻轻地附着在视网膜的表面。由脉冲触发电极,再由电极触发细胞。然后,由大脑做剩下的工作,使最初的几位患者看到边缘和一些粗糙的形状。

在 2006 年秋季,Mark Humayun、第二视觉公司和一支国际团队把阵列中的电极数增加到 60。与具有更多像素的摄像机相似,新的阵列可以产生更清晰的图像。来自美国得克萨斯州罗克沃尔的 Jo Ann Lewis,是最先使用这种设备的患者之一,如图 6.3 所示。"现在我又能看见树木的轮廓了,"她说,"那是我记得失明前看到的最后景物之一。现在我能看到树枝伸展了。"

图 6.3　Jo Ann Lewis 在使用 Argus 系统

现在,这种技术是可行的,并且随着时间的流逝,它会越来越实用。不难想象,如果增强现实与未来的仿生视觉结合,那么能够让需要它的人们同时看到真实世界和虚拟世界。

6.4.3　纳米技术

纳米技术是指在极其微小尺度上的材料工程技术。1 纳米,是 1 米的十亿分之一。可以做个比较,人的头发的宽度约为 8 万纳米。纳米材料在尺寸上通常小于 100 纳米。这个新领域预计将成为下一次工业革命的主战场,并且有可能改变从超级计算机到医药的一切事物。

外科学被认为是医学史上的一大进步,但它仍然是一个侵入性和创伤性的过程。随着纳米技术的不断进步,全新一代的机器人即将来临。以色列理工学院的研究人员设计了一个能够爬行通过血液的机器人,它可以用来治疗疾病,例如肿瘤,这对于传统外科手术而言难以实现。这个机器人的名字是 ViRob,它的直径只有 1 毫米,如图 6.4 所示。ViRob 机器人由外部磁场供电,能够逆着血液流动方向爬行。研究人员说,可以把许多 ViRob 机器人注射到人体内并留在那里,根据需要无限期地进行临床治疗。

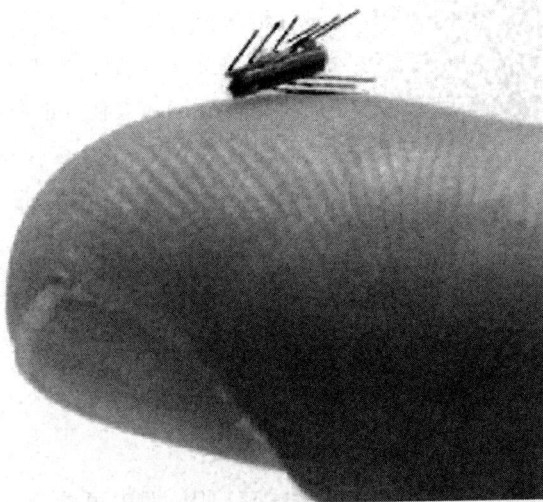

图 6.4 ViRob 微型机器人

美国研究人员正在从事 HeartLander 医用微型机器人的研究工作,其目的是治疗心脏表面,如图 6.5 所示。这种微型机器人是通过一个小切口插入并把自己附着在心脏表面,在那里它能够注射药物,或者用于安装其他医疗设备来帮助控制疾病,例如充血性心脏衰竭。

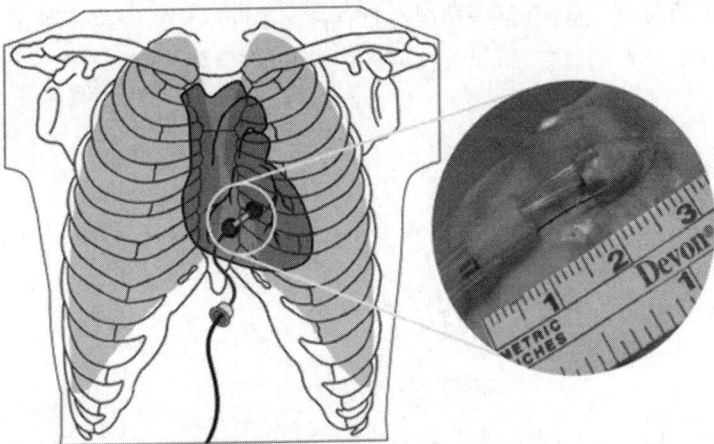

图 6.5 HeartLander 医用微型机器人

苏黎世的瑞士联邦理工学院的科学家们已经开发了一种纳米级的驱动系统，它能够模仿某些细菌的鞭毛推进。这种系统只有 27 纳米厚，40 微米长，这意味着他们能够制造比前文提到的微型机器人还要小的医用微型机器人。这种尺寸的机器人能够进入最微细的血管，甚至进入恶性肿瘤。

6.4.4 仿生学、纳米技术与增强现实

由前述内容可知，只要技术上可行，仿生视觉和纳米技术就必定相交。实际上，通过让工程师们把增强现实作为设计纳米级机器人的人机界面，并创建一种有趣的共生关系，今天的增强现实技术就可以在未来纳米技术的发展中起到促进作用。在未来，增强现实可能被认为是那种可以直接附着在人的眼睛上，并把增强现实场景直接投影到视网膜上的纳米技术的促成者之一。在 Peter F Hamilton 撰写的畅销的科幻小说《潘多拉的明星》里描述过这个设想，书中的人们使用"虚拟视觉"，这是一种能够与人类的自然视觉无缝融合的增强现实界面。伴随着这种想象中的理想以及不断的技术进步，当 C 世代到中年时可能会使用上这种虚拟视觉技术。

6.5 结论

增强现实刚刚走出起步阶段，因为这个原因，将来可能会有非常多的应用软件。如本书所述，增强现实通过一些非常有趣和非常新颖的方式得到了应用。当增强现实应用软件更加鲁棒时，除了技术可行性之外，还需要考虑社会认可和隐私等问题。社会认可要求设备具有微妙、独立、低调和时尚可接受等特征。隐私问题会以多种方式出现，特别是那些能够检测并识别人物的技术。

增强现实只是故事的一部分，从更大的技术格局来看，它既能通过新的方式提高人们的生活质量，也能在某些情况下打扰甚至恐吓人们。在大多数情况下，可以认为增强现实对人们有益，继续关注它的成长和成熟将会非常有趣。

术语表

A

ARDesktop：一种具有控件和桌面小程序的三维桌面界面，并且可以应用 AR-ToolKit 类库。

Alternate Reality Game（ARG）：把真实世界作为平台的可交互的故事。它通常使用游戏元素和多媒体来传播可能会被参与者行为或者思想影响的故事。

Augmented Reality：融合真实信息与虚拟信息，能够实时交互，并且可以三维渲染。

Augmented ID：与 Recognizr 类似的工具，使用人脸识别来分辨人物，并把他们与个人信息或者社交网络相关联。

AR-Quake：增强现实在流行的桌面游戏 Quake 上的扩展应用。

Archeoguide：一个用于文化遗址的移动增强现实系统。

AR Browser：让用户身处网络世界的增强现实使用方法。

ARTag：ARToolKit 软件包的可供选择的非商业许可版本，可以进行复杂图像处理，而且能够代替 ARToolKit 软件包。

ARToolKit：为创建增强现实应用软件而开发的计算机视觉跟踪库，可以在真实世界上叠加显示虚拟图像。

ATOMIC Authoring Tool：为非程序员创建简单且小巧的增强现实应用软件的 ARToolKit 库的前端，是在 GNU 通用公共许可证下发布的。它是一款跨平台的制作工具软件。

ARToolKit Plus：为手持式用户和开发者开发的，用于扩展 ARToolKit 用途的软件，现在已经停止开发。

Affective Computing：情感计算，即为了使计算机更加了解用户的情绪状态，并且能够做出相应的调整。

Annotation and Visualization：告诉用户一些与看到的事物相关的事情，以及这些事物的地理位置，这是绝大多数移动浏览器的任务。

Augmented Virtuality：是指把真实世界物体融入虚拟世界中，也称为混合现实。

B

Battlefield Augmented Reality System（BARS）：战场增强现实系统，是由可穿戴计算机、无线网络系统和透视式头盔显示器组成。这种系统把增强战场场景显示作为目标。

C

Camera re-sectioning：通过给定的照片或者视频来获取摄像机真实参数的方法。

Cave Automatic Virtual Environment（CAVE）：一种沉浸式虚拟现实环境，其中的投影仪指向房间大小的立方体的三、四、五面或六面墙上。

Compositing：把不同来源的视觉元素融入单幅图像，经常用于制造所有这些元素都是同一场景的一部分的假象。

Closed-view HMD：一种不能够直接看到真实世界的头盔显示器。

CyberCodes：一种用于增强现实的视觉标记系统，这种系统以图像识别技术为基础，使用了视觉标识物。

D

Distributed Cognition：与扩展智能的工具进行有意义地交互的能力。

DART：设计者增强现实工具包，是指一套用于 Macromedia 公司的 Director 多媒体制作软件的软件工具，这套软件工具支持设计与实现增强现实的体验与应用。

Dynamic Errors：直到视点或者物体开始运动时才会有影响的误差。

E

End-to-End System Delay：定义为跟踪系统测量视点的位置和方向的时刻与在显示器上显示与那个位置和方向相对应的图像的时刻的时间差。

F

FPV：第一人称视角，是指一种从用户视点进行渲染的图形化视角。

Fiducials：在场景中与某些点或者线参照的固定点，其他物体的位置与之相关，并且能够实现这些物体的测量。

G

Geo-tagging：给各种不同的媒体增加地理标识元数据的过程，能够帮助用户找到与具体地点相关的各种各样的信息。

H

HMD/HWD & HUD·HMD：术语"Helmet-Mounted"和"Head-Mounted"的含义都是"头盔式"，两者可以互换使用。本书只是对它进行了简单的介绍，它并非通用的术语。头盔显示器可以为用户显示真实世界场景图像和配准后的虚拟图形物体。

Head-Up Displays（HUDs）：平视显示器，是指不需要用户移动视线就能够显示数据的透明显示器。

Haptics：触觉。

Hybrid User Interfaces：使用不同的显示和输入技术，能够从每种技术中获益，目的就是使用最适合的技术。

Human Machine Interface：复杂系统的典型计算机化。它利用工具把人为因素整合进人机界面设计中，并且基于计算机科学进行开发，例如操作系统、编程语言和人机交互图形。

I

Image-based Modeling and Rendering（IBMR）：基于图像的建模和渲染方法，是依靠场景的一组二维图像，创建三维模型，然后渲染一些新的场景视图。

Intelligence Amplification（IA）：把计算机作为工具，帮助人类更容易地完成任务。

Internet of Things：在类似因特网的架构下，可搜索、可识别的物体以及它们虚拟表现的组合。

L

Local Feature Extraction：局部特征提取，是指从图像中识别物体的显著特征。它也能够跟踪物体的运动，并计算出物体的运动方向。确定虚拟物体与真实物体之间的位置关系，必须使用这种方法。

LLE Marker：一种基于维度、经度和海拔的增强现实标识物。

M

Milgram's Reality-Virtuality Continuum（1994）：1994 年，Paul Milgram 和 Fumio 定义了一种跨度从真实环境到纯虚拟环境的连续统一体。增强现实和增强虚拟位于真实环境与纯虚拟环境之间。

Mixed Reality（MR）：混合现实，是指融合真实世界与虚拟世界，产生新的环境，并实现可视化。在混合现实环境里，真实物体与虚拟物体共存，并且能够实时交互。混合现实是现实、增强现实、增强虚拟和虚拟现实的混合体。

Motion Capture：应用程序通过跟踪演员的肢体运动来控制计算机动画人物，或者是为了分析演员的动作。这适用于位置恢复，但不适用于方向确定。

Mobile AR Browser：见 AR browser 的解释。

Marker：一种用于识别和跟踪的数字标识物或者模板。使用它，用户可以获得增强现实体验。

Marker-less AR：一种能够识别环境中的自然特征，并能使虚实世界中的物体之间的交互更加自然的软件。

Massively Multiplayer Online Game（MMO）：能够同时支持成百上千玩家的多用户电子游戏。

N

NyARToolkit：以 ARToolKit 类库为基础，为 Java、C#和 Android 等虚拟机发布的软件工具包。

O

Optical See-through HMD：一种工作时需要在用户眼睛前方放置光学叠像镜的头盔显示器。

Optical Sensor：一种测量物理量并将其转换成可被观测者或仪器读出信号的设备。

OSGART：ARToolKit 软件包与 OpenSceneGraph 软件组合构成的软件开发平台。

P

"Perfect Registration"：真实物体与虚拟物体的完美的位置配准。

Pinhole Model：针孔模型，是指所有的图形对象，不管与摄像机之间的距离有多远，都能够清晰成像。

Popcode：一种不需要标识物的新颖的增强现实平台，通过可交互的三维内容，可以给真实世界中的物体赋予生命力。

Parrot AR Drone：一种使用了多种传感器的飞行遥控设备，包括前置摄像机、直立式摄像机和超声波测高仪。使用 iPhone 手机、Android 手机或者类似的控制器，能够控制这种设备上的增强现实应答无线电信标。

Promethean Board：一种在课堂环境里使用的交互式黑板，借助了先进的学习方法，能够让学生们富有创造力地参与学习过程。

Q

Quick Response（QR）Codes：快速响应码，是一种矩阵条形码或二维编码，可以被快速响应码扫描仪和带有摄像机的智能手机读出。

Quartz Composer：一种基于节点的可视化编程语言，是 Mac OS X 操作系统的 Xcode 开发环境的一部分，用于处理和渲染图形数据。

R

Real-time Computer Rraphics：计算机图形学的一个分支，致力于实时图像产生与分析。

S

SLARToolkit：NyARToolkit 的 Silverlight 接口插件。

Spatial Augmented Reality（SAR）：空间增强现实，使用数字投影仪在真实物体上显示图形信息。空间增强现实的主要特点是显示器与系统用户是分离的。对于协同工作而言,空间增强现实是一个好的选择,因为用户能够互相看到对方。

See-through HMD:透视式头盔显示器,可以让用户看到利用光学或者视频技术叠加显示虚拟物体的真实世界。必须使用六自由度传感器跟踪头盔显示器。这种跟踪可以让计算机系统把虚拟信息注册到真实世界中。

Simulated Reality:通过计算机仿真,模拟现实能够在某种程度上与真实现实别无二致。

Static errors:静态误差,是指当用户视点和环境中的物体都保持完全静止时,能够产生注册误差的误差。

Social Proximity:社会邻近性,是指在一个地理区域内的两个或更多个成员的累计信任度,这种地理区域通常是通过用户生成的服务或社交应用形成的。

Second Life:第二人生,是一种由美国加利福尼亚州旧金山市的林登实验室开发的虚拟世界游戏,拥有自己的虚拟经济和独立的数字世界。

T

Template Matching:从各种视角采集的真实物体的模板图像,这些模板图像用于在数字图像中搜寻真实物体。一旦找到真实物体,就在真实物体的位置上叠加显示虚拟线框。

Touring Machine:旅游机,是第一个移动增强现实系统。

Trans-media Navigation:在多模态下追踪信息流的能力。

V

Video Tracking:使用摄像机及时定位一个或多个运动物体的方法。

Visual-kinesthetic:身体运动的视觉感知。

Visual-proprioceptive:运动中的身体相邻部分的相对位置和施力强度的视觉感知。

Visual Capture:大脑相信通过视觉而非触觉和听觉等方式感知事物的意向。

Virtuality Continuum:用于描述从完全虚拟、虚拟现实到完全现实的连续跨度概念的术语。

Virtual Environments (VE):虚拟环境,是一种计算机仿真环境。

Virtual Retinal Display (VRD):虚拟视网膜显示器,也称为视网膜扫描显示器RSD或者视网膜投影仪,是指一种把与电视相类似的光栅显示直接描绘到眼睛视网膜上的显示技术。

Visualization:可视化,是指一种类似于视觉感知的智能图像。

Virtual Box Simulator:虚拟邮箱模拟器,是指美国邮政管理局帮助客户确定物体是否适合运输箱的增强现实程序。

Video Spatial Displays：视频空间显示器，通常是指与影响视觉感知的游戏机相关的视频显示器。

Virtual Reality：虚拟现实，是计算机仿真环境中使用的术语，它能够模拟真实世界和想象世界里的有形存在。

W

Wearable Displays：可穿戴式显示器，是指一种显示设备，通常戴在头上，或者是头盔的一部分。参见 Head Mounted Display 的解释。

0－10

6DOF：六自由度，是指刚性体在三维空间中运动的自由程度。

参考文献

[1] Aguilera P. (2009, August 18). Digital info on the real world. MIT Technology Review.

[2] Arnall T. (2008, October 24). The web in the world fabric rblg.

[3] Aron J. (2012, January 31). AR goggles make crime scene investigation a desk job. New Scientist.

[4] Augmented reality business conference(2010, April 23). 1st European AT Business Conference. Berlin.

[5] Augmented reality flash mob. <www. sndrv. nl/ARflashmob>.

[6] Augmented reality glasses are at least 20 years away. <www. augmentedplanet. com>. August 18, 2010.

[7] Azuma R. (1996). A survey of augmented reality. Hughes Research Laboratories.

[8] Azuma R. Registration errors in augmented reality. <www. cs. unc. edu/~azuma/azuma_AR. html>.

[9] Baker S. (2005, February 14). The business of nanotech BusinessWeek.

[10] Becker G. (2010, May). Challenge, drama and social engagement: Designing mobile augmented reality experiences lighting laboratories.

[11] Becker G. (2010, June). Beyond augmented reality: Ubiquitous media experiences lighting laboratories.

[12] Benjamin Gotow J, Krzysztof Zienkiewicz, Jules White, & Douglas C Schmidt. (2011, February). Addressing challenges with augmented reality applications on smartphones. Vanderbilt University.

[13] Bichlmeier C, et al. Contextual anatomic mimesis. Hybrid in-situ visualization method for improving multi-sensory depth perception in medical augmented reality.

[14] BMW group developing augmented reality windshield displays. MotoringFile. October 12, 2011.

[15] Boulton C. (2011, March 20). Meet google goggles, augmented reality vector. <Eweek. com>.

[16] Buckner G. (2011, May 2). College tuition reality check. FoxBusiness.

[17] Callari R. (2010, May 31). Facebook could face more privacy backlash with augmented reality QR codes. <Inventorspot. com>.

[18] Callari R. (2010, July 24). QR codes augmenting our lives from Tokyo to Manhattan. <Inventorspot. com>.

[19] Callari R. (2010, May 4). Hotels. com First to use augmented reality for virtual travel experience. <Inventorspot. com>.

[20] Callari R. (2010, June 12). Augmented reality sunglasses can insert social networking into your sights. <Inventorspot. com>.

[21] Callari R. (2010, May 13). Tagwhat, you're it! augmented reality is future of location – based social networks. <Inventorspot. com>.

[22] Callari R. (2012, June 12). Could tag technology replace Google search? <Inventorspot. com>

[23] Callari R. (xxxx). Augmented reality provides terminator eyesight. <http://inventorspot. com/articles/augmented_reality_provides_terminator_eyesight_32315>.

[24] Cameron C. (2010, June 11). Military – grade augmented reality could redefine modern warfare. New York Times.

[25] Cass S. (2011, January 7). CES: Face recognition on the fly. MIT Technology Review.

[26] Chen B. (2009, August). If you're not seeing data, you're not seeing. Wired Magazine.

[27] Christiansen C, & Horn M. (2008). Disrupting class: How disruptive innovation will change the way the World Learns. McGraw Hill.

[28] Claburn T. (2011, December 2). Gartner's 2012 Forecast: Cloudy, with widespread consumerization. InformationWeek.

[29] CNN hologram technology may change web conferencing forever. (2008, May 11). <www. labnol. org/internet/video/cnn – hologram – technology – for – web – conferencing/5219/>.

[30] Coelho E M, MacIntyre B. (2003, October 7). High – level tracker abstractions for augmented reality system design. International Workshop on Software Technology for AR Systems 2003 (STARS 2003). Tokyo, Japan.

[31] Computer aided medical procedures & augmented reality (CAMP). Technische Universität München.

[32] Curtis S. (2009, October 26). Augmented reality's time is coming thanks to smarter smartphones. <Silicon. com>

[33] Delio M. (2005, February 15). Augmented reality: Another (virtual) brick in the wall. MIT Technology Review.

[34] Dubois E, Nigay L, Troccaz J, Chavanon O, & Carrat L. (1999). Classification space for augmented surgery, an augmented reality case study. In Sasse A, & Johnson C (Eds.). Proceedings of Interact'99 (pp. 353 – 359). Edinburgh (UK): IOS Press.

[35] Educause Learning Initiative (2005, September). 7 things you should know about Augmented Reality, Educause.

[36] Feiner S, Macintyre B, & Seligmann D. (1993). Knowledge – based augmented reality. Commun. ACM 36(7), 53 – 62.

[37] Feiner S. (2002, April 24). Augmented reality: A new way of seeing. Scientific American.

[38] Fingas J. (2012, July 3). Fujitsu, NICT create indoor navigation for the blind using ultrawideband, Android phones, kind hearts Fujitsu.

[39] Gibson J. (1966). The senses considered as perceptual systems. Boston: Houghton Mifflin.

[40] Graham – Rowe D. (2009, April 6). The best computer interfaces: Past, present, and future. MIT Technology Review.

[41] Gray J. (2011). Parrot AR Drone. Robot Magazine, January/February, 70 – 73.

［42］Greene K. (2009, February 24). Microsoft demos augmented vision. MIT Technology Review.

［43］Greene K. (2009, June 5). The display that watches you. MIT Technology Review.

［44］Greene J. (2012, July 2). My life as a cyborg. CNET News.

［45］Grifantini K. (2009, October 26). Faster maintenance with augmented reality. MIT Technology Review.

［46］Grifantini K. (2010, December 28). The year in enhancing reality. MIT Technology Review.

［47］Grifantini K. (2010, January 29). Malleable maps, artistic robots and bubble interfaces. MIT Technology Review.

［48］Grifantini K. (2010, March 17). GM develops augmented reality windshield. MIT Technology Review.

［49］Grifantini K. (2010, February 11). Microsoft adds "augmented reality" to bing maps. MIT Technology Review.

［50］Hamilton J. (2009, October 20). Bionic eye opens new world of sight for blind. NPR.

［51］Henderson S J, & Feiner S K. (2007, July). Augmented reality for maintenance and repair (armar). Technical Report AFRL – RH – WP – TR – 2007 – 0112, United States Air Force Research Lab.

［52］Henderson S J, & Feiner S K. (2009). Evaluating the benefits of augmented reality for task localization in maintenance of an armored personnel carrier turret. IEEE/ACM International Symposium on Mixed and augmented reality, pp. 135 – 144.

［53］Hidden Creative, Inc. (2011, March 22). Augmented reality marketing strategies: The how to guide for marketers.

［54］Holden W. (2011, February). A new reality for mobile. Juniper Research Limited.

［55］iARM. <http://spill. tanagram. com/tag/iARM/>.

［56］Jacob R J, Girouard A, Hirshfield L M, & Horn M S. (2008). Reality – based interaction: A framework for post – WIMP interfaces (pp. 201 – 210). Florence, Italy: ACM Press, April 5 –10.

［57］James W. (1907). Pragmatism: a new name for some old ways of thinking. New York: Longman Green and Co.

［58］Jongedijk L. A brief history of augmented reality (AR) andnames of key researchers associated with AR. <http://augreality. pbworks. com>.

［59］Jonietz E. (2010, February 23). Augmented identity. MIT Technology Review.

［60］Juhnke J. Precise overlay registration within augmented reality – A glimpse into the technology. Tanagram.

［61］Kato H, & Billinghurst M. (1999, October). Marker tracking and HMD calibration for a video – based augmented reality conferencing system. In Proceedings of the 2nd IEEE and ACM International Workshop on Augmented Reality (IWAR 99).

［62］Kirkpatrick M. (2009, August 24). Augmented reality: 5 barriers to a web that's everywhere. <Readwriteweb. com>.

［63］ Feiner S, MacIntyre B, Seligmann D. Knowledge – based augmented reality. (1993, July).
   <http://dl. acm. org/citation. cfm? id=159587>. ACM.

［64］ Kurzweil R. (2005). The singularity is near. Penguin Group.

［65］ Lomas N. (2009, October). Cheat sheet: Augmented reality. <Silicon. com>.

［66］ Lomas N. (2011, February). Augmented reality smartphones soar. <Silicon. com>.

［67］ Mackay W E. (1996). Augmented reality: A new paradigm for interacting with computers. World
   Proceedings of ECSCW'93, the European Conference on Computer Supported Cooperative
   Work, vol. 7.

［68］ Matthew W G, Dye C, Shawn G, & Daphne B. (2009, December). Increasing speed of process-
   ing with action video games. Current Directions in Psychological Science.

［69］ Media B. (2010, February 2). The biggest challenge for augmented reality. Media Badger.

［70］ Michael C, Markus L, & Roger R. (2010). The internet of things. McKinsey Quarterly.

［71］ Milgram P, Takemura H, Utsumi A, & Kishino F. (1994). Augmented reality: A class of dis-
   plays on the reality – virtuality continuum. Telemanipulator and Telepresence Technologie
   (vol. 2351, pp. 282 – 292).

［72］ Milgram P, & KishinoF. A taxonomy of mixed reality visual displays. In IEICE Transactions on
   Informations Systems 16, pp. 1 – 15.

［73］ Mims C. (2010, July 2). Microsoft treating Cockroach Phobia with augmented reality. MIT Tech-
   nology Review.

［74］ Mims C. (2011, March 2). Are physical interfaces superior to virtualones? MIT Technology Re-
   view.

［75］ Mims C. (2011, April 7). Augmented reality interface exploits human nervous system. MIT Tech-
   nology Review.

［76］ Mobile game aims to spice up the library (2008). Cable News Network.

［77］ Navab N. (2001). Medical & industrial augmented reality: Challenges for real – time vision,
   computer graphics and mobile computing. Lecture Notes in Computer Science, vol. 2191, pp.
   443 –451.

［78］ Navab N, Traub J, & Sielhorst T, et al. (2007). Action – and workflow – driven augmented
   reality for computer – aided medical procedures. IEEE Computer Graphics and Applications,
   vol. 27, issue 5, pp. 10 – 14.

［79］ Navab N, Bani – Hashemi A, & Mitschke M. (1999, October). Merging visible and invisible:
   Two camera – augmented mobile C – arm (CAMC) applications. In Proceedings, 2nd IEEE and
   ACM International Workshop on Augmented Reality (IWAR'99), pp. 134 – 141.

［80］ Parviz B. (2009, September). Augmented reality contact lenses. IEEE Spectrum.

［81］ Perez C. (2002). Technological revolutions and financial capital: The dynamics of bubbles and
   golden ages. Edward Elgar Publishing.

［82］ Pioneer Japan release the world first car in – dash GPS with augmented reality navigation. (2011,
   May 9). <Akihabaranews. com>.

［83］ Popken B. (2010, April). Augmented driving iPhone App gives your car a HUD. Consumerist.

［84］ Roman F, Michael P, & Alex K. (2011). The rise of generation C. Strategy+Business. Spring.

［85］ Rosenberg L B. (1992). The use of virtual fixtures as perceptual overlays to enhance operator performance in remote environments. Technical Report AL － TR － 0089, USAF Armstrong Laboratory, Wright － Patterson AFB OH.

［86］ Schrier K. (2005, September). Revolutionizing history education: Using augmented reality games to teach histories. Massachusetts Institute of Technology.

［87］ Scott J. (2009). Bringing books to life. MIT Technology Review. November/December.

［88］ Sen P. (2010, June 25) . Internet of things & augmented reality － challenges & opportunities. http://thinkplank. wordpress. com/2010/06/25/234/.

［89］ Sung D. (2010, March 29). Will augmented reality change the way we see the future? Future Week.

［90］ Tofel K. (2009, October 2). Challenges seen for augmented reality, but virtual future looks bright. <Gigaom. com>.

［91］ Vanillio J. (1998, April). Introduction to augmented reality. Rochester Institute of Technology.

［92］ Vezina K. (2011, August 17). Using games to get employees thinking. MIT Technology Review.

［93］ Video by Law A, Ip J, Visell Y. (2010, April 29). Augmented － reality floor gives physical feedback. MIT Technology Review.

［94］ Wagner D. History of mobile augmented reality. < https://www. icg. tugraz. at/ ~ daniel/HistoryOfMobileAR/>.

［95］ Williams J. (2010, December). Augmented reality part two: Challenges & opportunities. <Hotstudio. com>.

［96］ <www. cnn. com/2011/TECH/innovation/04/01/new. york. library. game>.

［97］ Yapp R, Paulo S. (2011, April 12). Brazilian police to use 'Robocop － style' glasses at World Cup. <Telegraph. co. uk>.